아빠가
가르쳐주는 수학

CHUGAKU-JUKEN OTOUSANGA OSHIERU SANSU
by HIROTO TAKEUCHI
Copyright ⓒ 2006 by HIROTO TAKEUCHI
All rights reserved.
Original Japanese edition published by Diamond-Big Co., Ltd.
Korean translation rights ⓒ 2007 by Malgeunsori Publishing Co.
Korean translation rights arranged with Diamond-Big Co., Ltd., Tokyo
through EntersKorea Co., Ltd. Seoul, Korea

이 책의 한국어판 저작권은 (주)엔터스코리아를 통한 일본의 Diamond-Big Co., Ltd.와의
독점계약으로 맑은소리가 소유합니다.
신 저작권법에 의하여 한국 내에서 보호를 받는 저작물이므로 무단전재와 무단복제를 금합니다.

불법복사는 지적재산을 훔치는 범죄행위입니다.
저작권법 제97조의 5(권리의 침해죄)에 따라 위반자는 5년 이하의 징역
또는 5천만원 이하의 벌금에 처하거나 이를 병과할 수 있습니다.

알쏭달쏭 수학고민  원리쏙쏙 이해팍팍

아빠가 가르쳐주는 수학

다케우치 히로토 지음 · 김정환 옮김 · 신국환 감수

맑은소리

감수자의 글 ▶
서울 상경초등학교 교사 신국환

〈아빠가 가르쳐주는 수학〉은 제법 독특한 수학책입니다. 제목은 분명 〈아빠가 가르쳐주는 수학〉인데, 정작 책을 열어보면 '선생님'과 선생님에게 수학을 배우는 '아빠'의 대화가 가득합니다. 제목과는 정반대로 '아빠가 배우는 수학', 즉 '아빠의 수학 학습서'인 셈이지요.
그렇다면 왜 아빠가 수학을 공부해야 하는 걸까요?

저자는 "아이의 공부를 과외나 학원에만 맡길 것이 아니라, 부모가 직접 가르치고 관리해야 한다."고 이야기합니다. 즉 부모는 아이에게 '충실한 가정학습'을 통해서 '스스로 공부하고 꾸준히 노력하는' 학습 태도를 길러줘야 한다고 말하는 것입니다.
사실 이것은 너무나 당연하면서도 아주 중요한 이야기입니다.
대부분의 부모가 '내 아이가 공부를 잘 했으면 좋겠다', '좋은 대학, 좋은 학과에 들어갔으면 좋겠다'는 바람을 가지고 있을 것입니다. 때문에 좋은 학원이나 특별한 학습법 등의 이야기가 들려오면 귀가 솔깃해지곤 하지요. 그러나 역시 가장 기본적이고도 정통한 학습법은 예습·복습과 같은 '스스로 하는 공부'라는 것을 우리는 이미 잘 알고 있습니다. 하지만 부모와 아이 모두 어느 순간부터 학원이나 과외에 의존하기 시작했고, 아이들은 더 이상 누군가에 의한 수업이 아니면 스스로 탐구하고 공부하려는 노력을 하지 않게 되었습니다. 학교가 끝나자마자 학원에 가고, 간신히 집에 돌아오면 숙제하기에 급급하니 예습·복습은커녕 그때그때를 모면하기에 바쁜 것입니다.
문제는 이런 생활이 몸에 배면 멀리는 대학 입시에도 막대한 영향을 미치게 된다는 것입니다. 따라서 아이가 스스로 공부할 줄 모른다면, 저자의 말대로 '엄격한 아빠'가 나서서 아이의 학습 태도를 교정시켜 줄 필요가 있습니다. 무조건 "얼른 들어가서 공부해!", "공부 다 했어?"라고 지시만 하기보다는 함께 책상 앞에 앉아 아이의 부족한 부분을 살피고, 집중력을 잃지 않도록 도와주는 것이 더 좋을 것입니다.

저자가 그중에서도 '수학'만은 반드시 아빠가 가르쳐야 한다고 주장하는 것도 그러한 이유 때문입니다. 수학은 차근차근 단계별로 학습이 이루어지기 때문에 이해를 못하면 다음 단계로 나아갈 수도 없고, 응용문제를 풀 수도 없습니다. 따라서 스스로 공부하지 않는다면 뒤처지기 쉽고, 끈기가 없는 아이들은 아예 포기해버리게도 됩니다. 그래서 수학은 '꾸준히 노력해야 하는 과목'이며, 바꿔 말해 '꾸준히 노력만 한다면 누구나 다 잘 할 수 있는 과목'인 것이지요.

이 책을 통해서 단순히 수학 문제를 푸는 요령을 배우는데 그치지 않고, 아빠와 함께 책상 앞에 앉아 공부함으로써 '수학'에 재미를 느끼고 '꾸준히 노력하는 습관'을 몸에 익히게 된다면 더없이 좋을 것입니다.

이 책은 본래 일본의 중학교 입학시험에 대비하기 위한 책이기 때문에 '어떻게 공부해야 수학 점수를 높일 수 있는지, 어떻게 풀어야 쉽고 간단하게 답을 구할 수 있는지'에 초점이 맞춰져 있습니다.

그러나 무조건 테크닉을 암기시키기보다 기본적인 원리를 이해시키기 때문에 우리 아이들을 위한 수학교재로도 손색이 없으며, 열 개의 에세이를 통해 '아빠와 아이가 함께 공부해야 하는 이유, 공부하는 방법' 등을 상세히 이야기하고 있으므로 자녀교육서로도 활용할 수 있습니다.

무엇보다도 이 책의 가장 특별한 점은, '아이를 가르치기 위해' 만들어진 책인 만큼 아이와 함께 공부하다 생기는 문제에 대해서 꼼꼼하게 일러주고 있다는 점입니다. 저자는 문제를 설명하는 도중 아이들이 곧잘 헷갈려하는 상황, 아이들이 자주 틀리는 부분, 아이를 가르치는 입장에서 실수하기 쉬운 내용 등을 정확하게 짚어 알려주기 때문에, 아빠가 아이들의 수준에서 문제를 설명하는 데에 큰 도움이 됩니다.

예를 들어 '학과 거북이 계산'은 중학교에서 배우는 '이원 일차 연립방정식'과 같기 때문에 어른들은 X와 Y를 이용해 쉽게 문제를 풀어버리지만, 초등학생들은 대체 무슨 이야기인지 전혀 알아들을 수가 없습니다. 때문에 저자는 이런 상황이 발생하지 않도록 아빠에게 주의를 주고, 아이들이 어려워하는 부분을 미리 귀띔해줘서 질문에 적절히 답할 수 있도록 도와줍니다.

이 책은 우리 교과과정으로 보자면 초등학교 고학년부터 중학교 저학년까지의 수학 학습 내용을 다루고 있는데, 쉬운 문제부터 까다로운 문제까지 골고루 갖춰놓았을 뿐만 아니라 시험에 출제될만한 문제를 유형별로 아주 잘 정리해 놓았습니다. 사실 중학교 저학년까지는 다양한 학습 내용을 다루지 않기 때문에, 이 책에서 제시하는 문제 유형이 거의 대부분이라고 할 수 있습니다. 따라서 모두 열 장에 담긴 갖가지 유형들만 확실히 이해할 수 있다면 어떤 응용문제를 만나도 능숙하게 해결할 수 있을 것입니다.

그러므로 수학이란 과목이 마냥 까다롭고 재미없게만 느껴졌던 아이들도 〈아빠가 가르쳐주는 수학〉으로 아빠와 함께 차근차근 공부하다보면, 내가 문제를 풀었다는 성취감도 느낄 수 있고 달라지는 성적을 통해서 수학에 대한 자신감도 가질 수 있을 것입니다.

〈아빠가 가르쳐주는 수학〉은 '수학'이라는 과목을 가지고 아빠와 아이가 무엇인가를 함께 이뤄나갈 수 있는 책입니다. 흔히 교육은 엄마가 담당하고 아빠는 멀리서 방관하기 마련인데, 이 책을 계기로 아빠가 아이들의 교육에 좀 더 관심을 가지고 아이와 더 많은 대화를 할 수 있기를 바랍니다. 아빠와 함께 수학이라는 세계를 탐구하는 동안, 아이들은 스스로 공부 방법을 찾아가며 노력하는 방법을 몸에 익히고 수학을 진정으로 즐길 수 있게 될 것입니다.

책을 시작하며 ▶
수학은 아빠가 가르쳐야 한다!

우리 집의 중학교 입학시험은 이렇게 시작되었다

책을 시작하기에 앞서, 내가 이 책을 쓰려고 마음먹은 까닭을 말하려고 한다. 내가 이렇게 책을 쓰게 된 것은 집에서 아버지와 중학교 입학시험 공부를 한 경험 때문이다.

나보다 세 살 많은 형은 어렸을 때부터 수학을 무척 좋아했고 학교 성적도 우수했다. 아버지는 형의 성적을 더 올려 보려고 근처 입시 학원에 보냈다. 그런데 학교에서는 항상 상위권이었던 형이 첫 번째 모의고사에서 형편없는 성적표를 받아 왔다. 이때 아버지는 초등학교 공부와 중학교 입학시험 공부는 완전히 다르다는 것을 깨달았는데, 이것이 우리 가족이 중학교 입학시험과 인연을 맺게 된 계기였다. 아버지는 사업 때문에 바쁘신 데다 경험도 없었기 때문에 그전까지는 중학교 입학시험에 대해 지식도 관심도 없었지만, 한번 시작하면 끝장을 보는 성격 때문인지 중학교 입학시험의 세계로 빠져들었다. 서점을 돌아다니면서 도움이 될 만한 참고서를 사 가지고 직접 풀어 보셨다. 당신이 먼저 이해한 다음에 형에게 그 원리를 가르쳐 주는 방식이었다. 수학을 좋아하는 형도 처음에는 아버지의 교육 방법을 힘들어 했지만, "먼저 학교와 학원에서 1등이 되어야 한다. 그리고 도쿠시마 현에서, 그다음에는 일본에서 1등이 되어야 한다."는 아버지의 격려에 힘입어 열심히 공부했다. 형은 입학시험을 앞둔 6학년 가을에 큰 입시 학원의 전국 모의고사에서 상당히 좋은 성적을 거두었고, 원하는 중학교에 합격했다. 틈만 나면 놀고 싶은 초등학생이 수학 공부에 열중할 수 있었던 까닭은 바로 아버지의 노력 덕분이었다.

아버지의 수학 지도가 우리 형제를 도쿄대 합격으로 이끌었다

한편 나는 형과 달리 수학을 좋아하지 않았고 결코 머리가 좋은 편도 아니었다. 하지만 우주나 로켓을 좋아했기 때문에 아버지와 함께 NHK의 우주 특집 방송을 자주 봤다. 그럴 때마다 아버지는 방송 내용을 그림으로 그려 설명함으로써 내가 우주에 대한 호기심을 키워 나가도록 이끌어 주셨다. 그리고 '앞으로 우주를 전문으로 연구하는 과학자가 되려면 수학을 좋아하고 계속 공부해야 한다.' 라는 생각에 내게도 중학교 입학시험 공부를 가르칠 결심을 하셨다.

먼저 아버지는 형보다 1년 빠른 5학년 때부터 내게 수학을 가르쳐 주기 시작하셨다. 형을 가르친 경험을 바탕으로, 중학교 입시 수학은 '문제를 많이 풀어 본 사람이 유리하다.' 라는 중요한 깨달음을 얻으셨던 것이다. 그 후 2년 동안 나는 날마다 아버지와 얼굴을 마주하고 문제를 풀었다. 처음에는 한 번 풀었던 문제를 풀지 못하거나 단순한 계산 실수를 저질러 아버지에게 꾸지람을 듣고 울기도 했다. 그러나 수학을 가르치는 처지가 되고 보니, 또 앞으로도 계속 수학을 가르칠 생각인 내게는 울면서 문제를 풀었던 그 시간이 결코 낭비로 생각되지 않는다.

아버지의 지도로 수학 공부를 계속했던 것이 형과 내가 도쿄 대학에 들어가는 계기가 되었다고 생각한다. 아버지는 눈앞의 중학교 입학시험뿐만 아니라 더 먼 앞날을 내다보셨던 것이리라.

아이들에게 수학을 가르치면서

나는 지금 대학에 다니면서 인터넷으로 중학교 입시 수학에 대한 정보를 제공하는, '도쿄대 통신'이라는 웹 사이트를 운영하고 있다. 또 과외 선생으로서 수많은 아이들과 만나고 있다. 이런 과정에서 학원에도 다니고 과외도 하지만 실력이 붙지 않는 아이들을 볼 때마다 안타까웠다. 그리고 그 원인이 가정 학습이 크게 부족하기 때문이라는 것을 알았다. 아이의 아버지에게 "학원도 보내고 과외 선생님한테도 부탁하는데 아이의 성적이 오르지 않네요."라는 말을 자주 듣는다. 학원 공부와 과외를 함께 하면 중학교 입학시험은 문제없다고 생각할지도 모른다. 그러나 사실은 여기에 중대한 모순이 있는 것은 아닐까?

중학교 입학시험에는 충실한 가정 학습, 즉 능동적으로 스스로 하는 공부가 반드시 필요하다. 자기 학습이 제대로 된다면 학원이나 과외 시간을 줄일 수도 있으며, 학원과 과외를 좀 더 효과적으로 활용해 상승 효과를 높일 수도 있다.

수학은 아빠가 가르쳐 주자

수학은 아버지가 가르쳐 주는 것이 좋다고 생각한다. 그러는 것이 아이의 의욕을 불러일으키고 아이가 수학을 좋아하게 만드는 최상의 방법이기 때문이다. 아무리 훌륭한 학원 강사라고 해도 아버지보다 그 아이의 성격을 더 잘 알지는 못한다. 그리고 아버지는 아이의 공부를 조절할 수가 있다.

이 책은 〈이론 편〉과 〈실천 편〉으로 구성되어 있다. 〈이론 편〉에서는 아버지가 수학을 가르침으로써 '아이에게 어떤 좋은 영향을 줄 수 있는가'를 내 어릴 적 경험과 아이들을 가르치면서 느낀 점을 바탕으로 이야기했다. 그리고 〈실천 편〉에서는 실제로 아버지가 중학교 입시 수학의 대략적인 윤곽을 파악해 아이에게 가르쳐 줄 수 있도록 열 가지 주제를 뽑아 자세히 풀어 설명했다.

이 책이 아버지와 아이가 '중학교 입시 수학'이라는 길을 함께 달려 원하는 중학교에 들어가는 계기가 될 수 있기를 진심으로 바란다.

어머니께 드리는 메시지

이 책을 읽으실 어머니들께도 부탁을 드립니다.

일에 지쳐서 아이의 공부를 봐줄 여력이 없다고 생각하는 아버지가 부디 아이에게 수학을 가르쳐 줄 수 있도록 뒤에서 밀어 주시기 바랍니다. 그리고 아버지와 아이가 힘을 합쳐 중학교 입시 수학이라는 어려운(그러나 매력적인) 산을 오르기 시작하면 두 사람을 격려해 주면서 함께 오르셨으면 합니다.

어머니께서도 잘 아시겠지만, 아이는 아버지를 '세상에서 제일 무서운 존재'라고 생각합니다. 그러면서도 아버지를 좋아하지요. 제가 가르치는 아이들도 "아빠한테 혼나니까 열심히 공부해야 해."라는 말을 자주 합니다. 그런 아이들은 성공합니다.

아이에게는 아버지와 공부하는 것이 힘든 부분도 있습니다. 아버지의 엄격함은 분명히 공부에 도움이 되지만 아이들은 그것이 괴로울 수도 있습니다. 그러니 어머니께서는 부디 아이의 편이 되어 주시기 바랍니다. 제 경험상, '무서운 아버지와 상냥한 어머니'라는 균형이 잘 맞는 가정은 아이가 건설적으로 의욕을 품고 공부에 몰두하게 됩니다.

또 한 가지 부탁이 있습니다. 어머니께서는 중학교 입학시험의 '숨은 연출가'가 되어 주시기 바랍니다. 저희 집에서도 참고서를 사고 학원 성적을 확인하며 저희 형제에게 숙제를 내 주는 등의 일은 모두 아버지가 하셨습니다. 어떤 때는 아버지의 가르침이 고달프기도 했지만, 어머니는 "너희 아버지 말씀이 옳단다.", "조금 힘들겠지만 힘을 내렴."이라며 격려해 주셨습니다. 그런 어머니의 말씀이 항상 저희에게 용기를 주었습니다. 어머니의 말씀 덕분에 언제나 아버지를 존경할 수 있었다고 생각합니다. 또 제가 요령 있게 공부할 줄 모른다는 사실을 잘 알고 계셨던 어머니는 5학년 때부터 저를 학원에 보내도록 아버지를 재촉하셨습니다. 즉, 어머니가 저희 형제와 아버지를 잘 조율하는 '숨은 연출자'였던 것입니다.

아버지와 공부함으로써 아이가 수학의 재미를 발견하고 성적도 쑥쑥 올라가기를 바라는 어머니의 꿈이 이루어지기를 간절히 기원합니다.

목 차

감수자의 글 _4
책을 시작하며 _8
어머니께 드리는 메시지 _12

Part 1 이론 편

Essay 1	중학교 입학시험에서 왜 '수학'이 중요할까?	_18
Essay 2	아빠가 수학을 가르쳐 줄 때의 놀라운 효과	_20
Essay 3	합격하는 가정과 불합격하는 가정	_22
Essay 4	공책을 깨끗하게 쓸 필요는 없다	_24
Essay 5	아빠가 가르쳐 준 방식과 학원의 풀이법이 다를 때는 어떻게 해야 할까?	_26
Essay 6	아무리 해도 수학 성적이 오르지 않을 때 아빠는…	_28
Essay 7	정말 여자는 수학을 못하는가?	_30
Essay 8	독특한 수학 테크닉에 대해	_32
Essay 9	입학시험에서 만점을 맞을 필요는 없다	_34
Essay 10	아이가 수학에 재미를 붙여 스스로 공부하도록 계기를 만들어 주자	_36

Part 2 실천 편

등장인물 소개 _39
〈실천 편〉을 보는 법 _40

CATEGORY Ⅰ ▶ 응용문제

STEP 1 ▶ 여행자 계산 _43

STEP 2 ▶ 주기 계산 _61

STEP 3 ▶ 학과 거북이 계산 _77

STEP 4 ▶ 소금물 _93

STEP 5 ▶ 업무 계산 _109

STEP 6 ▶ 경우의 수 _125

CATEGORY Ⅱ ▶ 도형

STEP 7 ▶ 평면 도형 _143

STEP 8 ▶ 입체 도형 _161

CATEGORY Ⅲ ▶ 수와 계산

STEP 9 ▶ 수의 성질 _177

STEP 10 계산 문제 _193

해설▶모리가미 교육 연구소 소장 모리가미 노부히데(森上展安) _209
책을 끝마치며 _212

Part 1 이론 편

Essay 1
중학교 입학시험에서 왜 '수학'이 중요할까?

중학교 입학시험 공부를 하는 아이의 보호자에게 가장 신경 쓰이는 과목은 수학이 아닐까? 입학시험을 치르는 사립 또는 국립 중학교에서도 수학을 중요한 과목으로 생각할 것이다. 수학을 입학시험 과목에서 제외한 일은 거의 없으며, 학교에 따라서는 가중치를 두는 배점 방식을 도입해 수학의 배점을 다른 과목보다 높게 설정한 사례도 있었다.

결론부터 말하자면, 수학이 다른 과목에 비해 좀 더 수험생들의 '노력'을 측정할 수 있는 과목이기 때문이라고 생각한다. 물론 '수학은 순간적인 영감이 필요하다.', '수리적 재능이 수학 실력을 좌우하지 않는가?'라는 생각도 있을지 모른다. 그러나 그것은 아니라고 본다. 분명히 후세에 남을 수학 정리를 만들고 수백 년 동안 풀지 못한 어려운 수학 문제를 풀기 위해서는 반짝이는 영감과 재능이 필요할 것이다. 그러나 평범한 열두 살짜리 어린아이가 치르는 중학 입학시험에서는 반짝이는 영감이나 재능 따위는 필요 없다. 문제를 내는 쪽에서도 그런 것을 기대하지는 않을 것이다. 특히 최근에는 입학이 어려운 학교의 입학시험 문제에서도 기초와 기본을 중시하는 출제 경향이 두드러지고 있다. 반짝이는 영감이나 재능을 시험하는 것이 아니라 착실한 사고력을 묻는 수학 문제가 대부분이다.

내가 아버지께 수학을 배우기 시작한 것은 중학교 입학시험에 대비해 학원에 다니기 시작한 5학년 4월이었다. 먼저 아버지가 내게 준 목표는 '학원에서 수학 1등이 되어라.' 라는 것이었다. 나는 학원에 들어간 지 약 두 달 만에 그 목표를 달성했고, 그 후에도 거의 1등을 놓치지 않았다.

수학 문제를 푸는 능력이 별로 없었던 내가 그런 성적을 유지할 수 있었던 이유는 간단하다. 시험에 출제되는 문제의 약 90퍼센트가 이미 아버지와 풀어 본 적이 있는 문제에 거의 비슷했기 때문이다. 그리고 날마다 노력했기 때문이다.

수학 외의 다른 과목 또한 상당한 지식과 학습량을 요구함은 말할 필요도 없다. 그러나 가장 노력을 필요로 하는 과목은 역시 수학이다. 게다가 수학은 외우기만 한다고 되는 것이 아니다. 공부한 내용을 이용할 수 있도록 연습하는 일도 중요하다. 즉 이렇게 꾸준히 노력하는 아이를 바라는 것이라고 할 수 있다. 특히 대학 진학률을 중요시하는 사립 중학교에서는 더욱 그렇다. 애초에 머리만 좋아서는 상위권 대학에 붙지 못한다. 좀 더 정확히 말하자면, 대학 입학시험에 '좋은 머리'는 필요하지 않다. 요령을 가지고, 꾀부리지 않고 착실하게 노력하는 사람이 상위권 대학에 들어갈 수 있다. 그런 의미에서도 노력하는 방법을 배우는 데 가장 적합한 과목은 중학교 입시 수학이 아닐까 생각한다. 도쿄 대학 같은 상위권 대학 합격자 가운데 중고 일관교(중학교와 고등학교 과정이 통합된 학교-옮긴이) 출신이 많은 이유도 중학교 입시 수학을 공부하면서 노력하는 방법을 익힌 것이 큰 도움이 되었을 것이다.

이 책의 목적은 아버지가 수학의 즐거움을 깨닫고 그것을 아이에게 가르쳐 주도록 만드는 것이다. 그리고 아이가 수학 공부를 함으로써 '노력하는 방법'을 몸에 익히게 된다면 더 바랄 것이 없다.

Essay 2
아빠가 수학을 가르쳐 줄 때의 놀라운 효과

'아빠'가 아이에게 수학을 가르쳐 줘야 한다고 생각하는 이유는 아빠가 학원 강사나 과외 선생보다 아이에게 가장 적합한 교사가 될 수 있기 때문이다. 이런 말을 할 자격은 없을지 모르지만, '교사'의 본질은 문제를 푸는 법을 가르치는 것이 아니라 학습자의 자질을 최대한 키워 주는 것이 아닐까? 그런 의미에서 아버지가 아이를 위해 수학 교사가 되어 적극적으로 활약했으면 좋겠다고 생각한다.

아버지가 수학에 관여하면 좋은 구체적인 이유를 들자면, 첫째로 초등학생에게 어머니는 '상냥한' 존재이며 아버지는 '무서운' 존재이기 때문이다. 아버지는 평소에는 상냥하지만 일단 화를 내면 무섭다. 항상 느끼는 점이지만, 즐겁게 수험 공부를 해서 합격할 수 있다면 그것이 최고다. 그러나 실제로는 아이가 의욕이 없어 보이면 엄하게 지적해 줄 필요가 있으며, 반드시 기억해야 할 내용이 있으면 '여기가 중요하다.'라는 인상을 강하게 심어 줌으로써 자연스럽게 몸에 익히도록 해야 한다고 생각한다. 즉 '아버지의 엄격함'이 단조롭고 재미없는 공부를 꾸준히 할 수 있게 만드는 버팀목이 되기 때문에 아버지의 등장을 바라는 것이다.

나도 교육열에 불타는 아버지를 둔 가정에서 자랐기 때문에, 수험 공부를 시작하고 몇 달이 지난 5학년 여름 방학 때쯤에는 이미 아버지의 목소리만 들어도 '이 부분을 확실히 익히지 못하면 나중에 혼날 거야…….'라고 느낄 수 있게 되었다. 이렇게 아버지와 공부를 하는 가운데 무엇이 중요하고 무엇이 중요하지 않은지 금방 알 수 있었다. 아버지는 내가 남이 아닌 아들이기 때문에 더욱 엄격하게 가르쳤고 내가 느슨해지려고 해도 강제로 집중하게 만들었기 때문에, 나로서는 오히려 더 편했을지도 모르겠다. 그런 의미에서 수험 공부를 가르치는 교사는 적당히 엄격한 아버지가 맡는 것이 적합하다고 생각한다.

아버지가 공부에 관여하면 좋은 두 번째 이유로는 관리 능력을 들수 있다. 입시 수학을 효율적으로 정복하려면 '학습 관리'가 반드시 필요한데, 아버지들은 직장에서 일정을 짜거나 일을 하는 가운데 '관리'라는 것이 몸에 배었을 것이다. 냉정하면서도 객관적으로 상황을 분석하면서 적절한 '관리'를 실천할 때 비로소 좋은 결과를 얻을 수 있다.

수학은 막연하게 학력만 파악해서는 진정한 능력을 키울 수 없다. 학습 사항을 이해하고 있는지, 기본적으로 외워야 할 내용을 충분히 자신의 것으로 만들었는지, 그런 것들을 활용하며 스스로 생각해 문제를 풀 수 있는지 따위를 확인하는 것이 바로 '관리'에 해당한다. 내 경우는 아버지가 시험 결과를 바탕으로 컴퓨터의 스프레드시트 소프트웨어를 사용해 내 이해도를 수치화해 주셨다. 그리고 조금 지나친 행동이었는지는 모르겠지만, 학원 내 경쟁자들의 이해도도 몰래 분석하셨다.

아버지의 이러한 분석과 관리 덕분에 나는 모자란 부분을 중점적으로 공부하는 방법과 내 나름대로 스스로를 객관적으로 바라보는 방법을 배울 수 있었다. 가르치는 능력만을 놓고 보자면 분명히 학원 강사가 아버지보다 전문가일지 모른다. 그러나 아이의 성격을 파악하고 그 성격에 맞춰 대응책을 세울 수 있는 사람은 아버지다.

Essay 3
합격하는 가정과 불합격하는 가정

내가 과외 선생으로 수많은 집을 겪어 본 경험을 바탕으로 중학교 입학시험에 '합격하는 가정과 불합격하는 가정'의 특징을 소개할까 한다.

합격하는 가정
1▶중학교 입학시험의 수준을 정확히 파악하고 있는 가정

중학교 입학시험의 실태를 속속들이 파악하고 있는가가 핵심이라고 생각한다. 어디까지나 상대적인 관점이지만, 각 입학시험을 어려운 순서대로 늘어놓자면 '중학교 입학시험→대학 입학시험→고등학교 입학시험'일 것이다. 중학교 입학시험의 경우 수도권의 비율이 높아지고 있지만 아직 초등학생의 15~16퍼센트만이 시험을 본다. 즉 공립 초등학교의 성적 상위권자들의 경쟁이라는 의미에서 모집단의 수준이 높은 것이 특징이다. 게다가 중학교 입학시험 문제는 평소에 초등학교에서 접하는 문제와는 완전히 차원이 다른 높은 난이도를 자랑한다. 이런 특성을 파악하고 있는 가정은 중학교 입학시험에 성공할 확률이 높다고 할 수 있다.

2▶분석을 좋아하는 가정

내가 다니던 학원에서는 매주 시험을 봤는데, 결과가 나오면 점수와 이름, 등수를 인쇄해 모두에게 나눠 주었다. 자리도 등수에 따라 결정되었다. 이 방식이 바람직하냐 아니냐는 둘째 치고, 이렇게 경쟁심을 부채질하는 체제나 경쟁 상황을 분석적으로 파악하는 가정은 겉으로 드러난 성적만으로 아이를 평가하지 않기 때문에 입학시험에 합격할 확률이 높다. 우리 아버지는 "이 아이는 능력이 있는데! 여행자 계산을 아주 잘해.", "이 아이는 방정식을 써서 푼 건가?" 등 멋대로 분석하셨다. 또 시험에 대해서는 "이번에는 문제가 쉬웠으니까 다음에는 어렵게 나올 거야." 하고 분석하셨다. 이쯤 되면 맞느냐 틀리느냐는 문제가 아니라 분석 자체를 게임으로 즐기시는 듯했다. 그리고 예상이 맞아떨어지면 나보다 더 기뻐하고 즐거워하셨다. 이런 자세로 분석하면 입학시험에 대한 아이의 의욕도 높은 수준을 유지할 수 있을 것이다. "공부해라.", "좀 더 열심히 못 하겠니?", "너도 할 수 있어."와 같은 막연한 말로는 아이의 마음을 움직일 수 없다.

불합격하는 가정

1▶ '공부를 싫어한다.' = '공부를 못한다.' 라는 생각

'공부를 싫어하는 아이'는 공부를 하지 않기 때문에 성적이 좋지 못하다. 그러나 입시에서는 그 재미없는 공부를 한 아이가 합격한다. '공부를 잘하는 아이'도 대개는 공부를 싫어한다. 공부를 '좋아하는가, 싫어하는가'가 아니라 공부를 '하는가, 안 하는가'에 따라 성적에 차이가 생기는 것이다. 그러므로 자신의 아이가 공부를 싫어한다고 단정짓는 발언은 하지 않는 편이 좋다.

2▶ 아이와 대화가 부족한 가정

일 때문에 바빠서 아이와 함께할 시간을 내기가 힘들지도 모른다. 그러나 중학교 입학시험에서는 되도록 아이와 함께하는 기회나 시간을 마련하는 것이 성공의 열쇠가 된다. 그리고 함께하는 수단이 공부라면 더욱 효과적이다. 공부는 학원에 맡긴다는 자세로는 아이와 대화가 부족해질 뿐만 아니라 학습 효과도 떨어진다. '평소에는 신경도 쓰지 않으면서 공부할 때만 관심을 보인다.'고 아이가 생각할까 봐 걱정될지도 모르겠지만, 아이는 아버지가 자신을 위해 시간을 내 준 것이 즐거울 것이다.

Essay 4
공책을 깨끗하게 쓸 필요는 없다

'공책 정리법'에 대해서 조언하자면, 한눈에 내용을 알 수 있도록 공책 정리를 잘하라고 아이를 닦달하지 않아야 한다. 흔히 '공책의 정리 상태가 머릿속의 정리 상태를 말해 준다.'라는 의견이 있지만, '아버지와 아이가 함께 공부할 때 깨끗하게 정리된 공책을 만드는 것이 입시 수학에 중요한 요소인가?'와는 완전히 다른 문제다.

학교 수업에서는 선생님이 칠판에 쓴 내용을 깨끗하게 옮겨 적도록 요구하는 면도 있다. 공책 필기를 깨끗하게 하는 것은 공부의 기본이며 중요한 요소임을 부정하지는 않는다. 그러나 깨끗한 공책과 수학 문제를 푸는 능력은 별개라고 생각한다. 중학교 입시 수학을 공부할 때 정성껏 공책 정리를 할 필요는 없다. 어떤 의미에서는 공책을 '계산 용지'와 같은 감각으로 사용하기 바란다.

초등학생에게 "이 문제 풀어 볼래?"라고 말하면 "잠깐만요."라며 공책에 문제 번호와 날짜를 적기 위해 선을 긋는다. 또 도형 문제를 풀 때는 자와 컴퍼스를 써서 예쁘게 도형을 그리려고 한다. 물론 그것이 나쁘다는 이야기는 아니지만, 그 때문에 수학에서 정말 중요한 것을 적지 못하고 놓치게 되는 것은 문제다. 예쁜 공책을 만드는 데만 온 신경을 집중하는 것이다.

수학에서 정말 중요한 것은 아직 머릿속에서 정리되지 않은 단편적인 정보나 이미지를 눈에 보이는 형태로 만드는 일이다. 여기에서 문제를 푸는 실마리가 펼쳐진다. 깔끔한 공책을 만들려고 하다 보면 정리되지 않은 것은 공책에 적으려 하지 않는다. 그러나 이래서는 사고력이 발휘되기 힘들다.

어려운 수학 문제를 풀 수 있는 아이와 그렇지 못한 아이의 차이는 여기에 있다. 주어진 시간에 문제를 풀 수 있는 아이의 공책에는 휘갈겨 쓴 내용이 여기저기 있다. 그중에는 의미를 알 수 없는 그림이나 계산이 있을 때도 있다. 그러나 문제를 풀지 못하는 아이의 공책은 백지 상태다.

나는 학원에 다닐 때 문제를 풀게 되면 공책에 이것저것 적어 넣었다. 백번 양보해도 다른 사람이 봐서 이해할 수 있는 내용은 아니었다. 그러나 학원 선생님은 그런 내 공책을 칭찬해 주셨다. 집에서 공부할 때도 어려운 문제와 맞닥뜨리면 이것저것 마구 적어 봤다. 그러다 아버지가 힌트를 주면 그것을 바탕으로 또 적기 시작하는 식이었다. 문제를 풀고도 왠지 개운한 느낌이 들지 않을 때는 일단 낙서를 한 듯한 페이지를 찢어 따로 보관했다. 그런 지저분한 공책이 쌓여 나가면 자연스럽게 '수학 정리 공책'이 완성된다. 나중에 그 공책(낙서)을 봐도 푸는 법이 연상되지 않는다면 이는 아직 이해하지 못했다는 증거다.

아버지가 "공책 필기를 깔끔하게 하지 않아도 된단다."라고 말해 준다면 아이의 이해력과 풀이 능력은 반드시 향상될 것이다.

Essay 5
아빠가 가르쳐 준 방식과 학원의 풀이법이 다를 때는 어떻게 해야 할까?

어떤 문제를 놓고 아버지와 학원의 풀이법이 다를 때는 어떻게 해야 할까? 나는 무조건 아버지가 푸는 방법을 우선시 했다. 아버지가 "이렇게 푸는 쪽이 더 이해하기 쉽지."라고 말씀하시면 진짜로 그런 기분이 들었다. 결과적으로 이것이 좋게 작용했지만, 이는 아마도 단순히 학원과 아버지의 풀이법이 비슷했기 때문이며 때마침 운 좋게 균형이 잡힌 것이라고 생각한다.

그러나 최근의 대형 입시 학원에서는 풀이법도 어떤 의미에서 매뉴얼화되고 있다. 학원에 따라 '소금물(농도를 이용한 계산 문제)은 접시저울을 그려 풀어라.'라고 가르치는 곳도 있으며, '접시저울 그림은 익숙해지는 데 시간이 걸리므로 가르치지 않는다.'라는 곳도 있는 등 가지각색이다. 따라서 아이는 학원에서는 저울 그림을 사용하는데 아버지는 저울 그림을 사용하지 않으니까 이해하기 힘들다고 할지도 모른다.

나도 과외 선생으로 아이들을 가르치다가 "학원에서는 이렇게 안 풀던데요."라는 말을 들을 때가 많았다. 그럴 때는 그 분야의 표준 문제를 몇 문제 풀어 보도록 시켰다. 만약 이런 문제들을 완벽하게 풀지 못한다면 일단 학원의 풀이법은 잊게 하고 "이 풀이법으로 해 보렴."이라며 내가 최선이라고 생각하는 풀이법을 반강제로 익히게 만들었다. 시간은 조금 걸리지만 아이가 기본으로 돌아가 생각할 수 있을 것이라고 믿었기 때문이다.

그러나 이때 내가 가르치는 '풀이법'은 '테크닉'이 아니다. 예를 들어 농도를 이용한 계산 문제를 풀 때는 "소금물 A의 농도는 3퍼센트이므로 소금은 몇 그램, 소금물 B의 농도는 5퍼센트이므로 소금은 몇 그램, 따라서 이것을 섞으면 소금의 양이 ~그램이니까……."와 같은 식으로 '본질'을 가르쳐 주려고 한다. 그런 다음에 "그러니까 학원에서 쓰는 이 풀이법은 이런 의미란다."라는 식으로 알려주는 것이다.

풀이법이라는 것은 어디까지나 해답에 이르는 길이기 때문에 여러 가지 방법이 있을 수 있다. 아이가 "푸는 법이 달라요."라고 말할 때는 대개 '사용하는 테크닉이 다르다.'라는 의미다. 독특한 수학 '테크닉'은 분명히 존재하며 효과적이다. 그러나 아버지가 아이와 함께 공부를 하는 이유는 수학 문제를 푸는 법의 본질을 가르쳐 주고 수리적 사고력을 높이기 위함이지 학원과는 다른 새로운 '테크닉'을 가르치기 위함이 아니다.

입시 수학에 익숙하지 않은 아버지의 '테크닉'이 방정식과 비슷하게 되는 경우가 종종 있다. 그러나 어른에게는 방정식이 간단해도 아이에게는 혼란의 원인이 될 수 있다. 또한 2차 방정식이 되어 버려 초등학생이 풀 수 있는 범위를 넘어서는 일도 있으므로 방정식 이용은 신중을 기해야 한다.

'테크닉'도 물론 중요하다. 그러나 '테크닉'은 되도록 학원에 맡겨 두고 아버지는 본질적으로 푸는 법을 가르쳐 주는 식의 역할 분담을 하자. "푸는 법이 학원과 달라요."라는 말을 듣더라도 너무 신경 쓰지 말자. 가정에서 하는 수학 학습은 항상 그것을 정말로 이해하고 있는지 확인하는 방향으로 이끌어 가기 바란다. 그리고 "그러면 학원에서는 어떻게 풀었는지 아빠한테 설명해 주겠니?"라고 말함으로써 아이의 이해력을 확인하는 것도 한 가지 방법이라 할 수 있다.

Essay 6
아무리 해도 수학 성적이 오르지 않을 때 아빠는…

"우리 아이는 열심히는 하는데 수학 성적이 좀처럼 좋아지지 않아요."라는 말을 자주 듣는다. 그럴 때는 먼저 왜 수학 성적이 오르지 않는지 생각해 본다. 여기에는 크게 두 가지 유형이 있을 수 있다.

가장 흔한 유형은 공부하는 시늉만 할 뿐 집중하지 않는 것이다.
이런 사례는 매우 많다. 책상 앞에 세 시간을 앉아 있어도 머릿속은 공부가 아니라 얼마 전에 산 게임 생각으로 가득한 상태인 것이다. 이럴 때는 아버지가 엄격한 자세로 대응해야 한다. 단순히 "공부해라."라든가 "똑바로 공부 못 하겠니?"같이 추상적으로 호통을 치라는 뜻이 아니다. 아이가 이해할 수 있도록 논리적으로 이야기해 줘야 한다. 내가 집중력이 부족할 때면 아버지는 "공부가 재미없다는 건 나도 안다. 하지만 기왕 세 시간 동안 책상 앞에 앉아 있을 거라면 공부에 집중해서 다음 시험에 좋은 점수를 받는 편이 낫지 않겠니?"라는 말씀을 자주 해 주셨다. '왜 공부를 하는 것이 좋은가'를 내가 알 수 있도록 알기 쉽게 설명한 것이다. 단순한 초등학생이었던 나는 그 말을 듣고 '손해보다야 이익이 좋겠지.'라고 생각하게 되었다. 아이는 아버지가 일방적으로 강제하지 않고 '공부하는 것이 좋은 이유'를 들어 설득하면 의외로 순순히 따르는 법이다. '이유가 있으니까 행동한다.'라는 자세는 매우 중요하다.

두 번째 유형은 '무조건 열심히 공부했지만 무엇을 잘할 수 있게 되었는지 알지 못할' 때다.
초등학생이 혼자서 공부할 때 이런 일이 적지 않게 벌어진다. 이는 아마도 '계획성'이 없기 때문일 것이다. 그러나 물론 초등학생에게 '효과적인 계획성'을 요구하는 것에도 한계가 있다. 열심히 공부하는 모습을 보면 아버지로서는 안심되는 측면도 있을지 모른다. 하지만 입학시험 공부에 열중하는 그 아이는 아직 초등학생 어린애다. 역시 혼자서 계획적으로 공부해 성적을 올리기는 매우 어렵다. 이럴 때는 아버지가 적극적으로 아이의 공부에 관여하는 것이 중요하다.

일 때문에 바쁘다는 점은 잘 알지만, 짧게라도 시간을 내어 먼저 아이의 약점을 파악하고 나서 "이번 주에는 '속도와 시간과 거리'의 관계를 공부하자.", "이 문제집의 몇 장에서 몇 장까지를 풀어 보렴."과 같은 식으로 구체적인 '지시'를 내려 줬으면 한다.

초등학생도 나름대로의 자존심이 있기 때문에 공부할 때도 되도록이면 자신이 약한 부분은 피하려고 한다. 특히 수학에서 그런 경향이 두드러지게 나타난다. 풀 수 있는 문제만 즐겨 푸는 것이 어느 정도 공부를 한 초등학생의 특징이 아닐까? 아이의 실력이 열매를 맺어 합격하기를 바란다면 '아픈 곳을 찌르는' 조언이 꼭 필요하다. 그리고 '아픈 곳'을 좀 더 효과적으로 지적할 수 있는 사람이 바로 아버지다.

Essay 7
정말 여자는 수학을 못하는가?

생물학적으로 어떤지는 모르겠지만, 주변을 둘러보면 분명히 이과 계열에는 여자가 많지 않다. 특히 내가 다니는 도쿄 대학의 이과 계열에는 문과 계열과 비교할 때 눈에 띄게 여학생의 수가 적다. 우리 학과인 이학부 지구 혹성 물리학과의 약 30명 중에 안타깝게도 여학생은 단 한 명도 없다.

그러나 과외 선생으로 일한 경험으로 느낀 바로는, 여자 아이가 남자 아이에 비해 수학 능력이 떨어진다고는 생각되지 않는다.

사실 수학이라는 과목을 공부하려면 재능보다 노력이 필요하다. 결국 입학시험 공부 자체는 누가 뭐래도 재미없는 것이지만, 조금이라도 수학을 재미있다고 느낀다면 그만큼 공부하는 데 유리하다. 수학을 재미있게 생각하는 남자 아이가 많고, 여자 아이는 그렇지 않은 경향이 있을지도 모른다. '여자 아이는 수학을 못한다.'라는 설이 분명히 있으며, "우리 아이는 여자 애라서……."라고 말하는 부모도 많다. 그러나 그것은 단지 '여자 아이는 수학에 흥미를 느끼지 못한다.'는 경향이 있는 것은 아닐까?

나를 예로 들자면, 초등학교 때 텔레비전을 보다가 굉장한 기계나 실험 도구에 둘러싸여 인터뷰를 하는 연구자 또는 공학자가 나오면, 옆에 계시던 아버지가 "정말 대단하군."이라고 말씀하셨다. 그러면 나는 왠지 멋있어 보이고, '아빠가 대단하다고 하시니까 분명히 대단한 게 맞을 거야.'라고 생각했다. 그래서 아버지가 "저런 사람들은 어려운 수학 같은 것도 쉽게 풀겠지?"라고 중얼거리는 것을 듣고 '그럼 나도 수학을 잘해야지.'라고 생각했다. 단순하다면 단순하지만, 그런 계기로 나는 수학에 아주 조금이나마 흥미를 느끼기 시작했다.

사실 이것은 내가 너무나 단순한 아이였기 때문이라서 오늘날의 남자 아이들이 어떤지는 잘 모르지만, 역시 여자 아이가 이과 계열의 연구자를 보고 동경하는 일은 그다지 많지 않을 것이다.

그러나 반대로 '여자 아이는 국어를 잘한다.'라는 설도 있다. 이 역시 과학적 근거는 모르겠지만 지도 경험에 따르면 분명히 그런 경향이 있다고 느낀다. 최근의 입시 수학은 문제가 긴 문장으로 되어 있으며 그 속에 들어 있는 많은 정보를 정리해서 생각해야 하는 경우가 많다. 긴 문장으로 된 문제를 이해하는 측면에서는 여자 아이가 더 유리하다고도 할 수 있다.

그러므로 수학이라는 과목에서 '여자 아이니까…….'라는 선입견은 금물이다. 아버지가 딸 앞에서 그런 말을 하면 '나는 여자 애라 수학을 못해도 어쩔 수 없어.'라고 생각할 수 있다. 이것이 일종의 변명이 되어서는 곤란하다. '여자 아이가 수학을 더 잘할 수 있어.'라고 격려하는 편이 낫지 않을까?

실제로 수학을 잘하는 여자 아이는 많다. 나는 그 아이들이 '여자 아이는 수학을 못한다.'라는 잘못된 선입견이 없는 환경에서 날마다 수학 공부를 했을 거라고 생각한다. 이 책의 기획 단계에서 도쿄 대학 이과 학부생 몇 명이 모였을 때 있었던 일이다. "그런데 이 중에 이과 계열 과목 성적이 제일 좋은 사람은 누구지?"라는 질문을 받았을 때 모두들 입을 모아 "M이 가장 좋아요."라고 한 여학생의 이름을 말했다.

똑같은 노력을 기울인다면 여자 아이든 남자 아이든 똑같이 수학을 잘하게 될 것이다.

Essay 8
독특한 수학 테크닉에 대해

입시 수학에는 수많은 테크닉이 있다. 〈실천 편〉에서 자세히 소개하겠지만, 속도와 시간과 거리의 관계를 나타낸 '속·시·거 그림' 등은 학원에 다니는 초등학생이라면 상식이라고 해도 과언이 아니다. 그 밖에 '수직선'과 '접시저울 그림' 등은 학교에서는 가르쳐 주지 않는 수학 테크닉의 대표라고 할 수 있다.

그러나 여기에서 꼭 알아 두어야 할 것이 있다. 테크닉을 모른다고 해서 문제를 못 푸는 것은 아니라는 사실이다. 당연한 말이지만, '속·시·거 그림'을 모른다고 걱정할 필요는 절대 없다. '(속도)=(거리)÷(시간), (시간)=(거리)÷(속도), (거리)=(속도)×(시간)'이라는, 속도와 시간과 거리의 관계는 학교에서도 분명히 가르쳐 준다. '속·시·거 그림'은 단지 이 세 가지 관계를 알기 쉽게 그림 하나로 표시한 것일 뿐이다.

중학교 입학시험을 치르지 않은 도쿄대 학생에게 "속·시·거 그림이라든가 접시저울 그림이라는 말을 들어 본 적 있어?"라고 물으면 "응? 그게 뭔데?"라는 반응이 돌아온다. 당연히 대학 입학시험에서는 그런 수학 테크닉이 필요 없다. 테크닉을 마법처럼 여기는 것은 잘못된 생각이다.

그런데 실제로는 그런 테크닉을 배우는 것이 입시 수학을 배우는 것과 동일시되는 일도 적지 않다. 나 역시 입시 수학과 테크닉은 떼어놓을 수 없는 관계라고 생각한다. 왜냐하면, 독특한 수학 테크닉에는 공통적으로 '곱셈'과 '나눗셈'을 '언제, 어디서, 어떻게 사용하는가?'에 대한 힌트가 알기 쉽게 나타나 있기 때문이다. 실제로 아이들을 가르치면서 느낀 바로는, 초등학생은 '곱셈'을 해야 할 곳에서 '나눗셈'을 하거나 반대로 '나눗셈'을 해야 할 곳에서 '곱셈'을 하는 실수를 자주 저지른다. 그러나 테크닉은 한눈에 '곱셈'과 '나눗셈'의 관계를 알 수 있게 하기 때문에 그런 점에서는 편리하다. 테크닉을 효율적으로 사용할 수 있다면 더욱 정확하고 빠르게 문제를 풀 수 있다.

결론적으로 말하면 독특한 수학 테크닉은 어디까지나 입학시험을 돌파하기 위한 방책 중 하나다. 그러므로 학원에서는 수많은 테크닉을 가르치며, 필사적으로 테크닉을 양산하는 학원도 있다. 그러나 다시 한 번 말하지만, '테크닉을 몰라도 문제를 풀 수 있다.'는 사실을 잊어서는 안 된다. 즉 테크닉은 단순한 '도구'다. '땅을 파면 구멍이 생긴다.'라는 사실을 알기 때문에 좀 더 빠르고 깊게 구멍을 파기 위해 '삽'을 사용한다. 만약 '땅을 파면 구멍이 생긴다.'라는 기본을 모른다면 삽은 아무런 의미가 없다. 즉 '왜 그 테크닉이 성립하는가?'라는 '본질'을 이해하지 못한다면 효과적으로 테크닉을 사용할 수 없다.

본질을 이해하지 못한 채 테크닉만을 외워서는 아주 기본적인 문제밖에 풀지 못한다. 그런 상태로는 오히려 수학을 본질적으로 이해하는 데 방해가 될 수 있다. 아버지는 아이가 먼저 '본질'을 확실하게 이해한 다음에 편리한 테크닉을 '강력한 아군'으로 삼을 수 있도록 지도하기를 바란다.

Essay 9
입학시험에서 만점을 맞을 필요는 없다

'입학시험에서 만점을 맞을 필요는 없다.'

듣고 보면 분명히 맞는 말이다. 입학시험의 최종 목표는 '합격'이다. 만점을 받지 않아도 합격점에는 이를 수 있다. 그러나 이는 머리로는 이해해도 실천하기는 힘든 말이기도 하다. 아니, 물론 "난 만점을 맞지 못하면 직성이 안 풀려."라는 수험생은 그렇게 해도 상관없다. 내가 말하고 싶은 바는 "입학시험에서 만점을 받는 것을 목표로 공부할 필요는 없다."라는 것이다.

잠시 다른 이야기를 하나 하자면, 얼마 전에 내 친구인 A군이 상당히 높은 점수로 도쿄 대학에 합격했다는 사실이 알려졌다(최근 도쿄 대학에서는 원하는 사람에게 시험 점수를 알려 주고 있다). A군은 대학 수험생 시절에 모의고사에서도 훌륭한 성적을 기록했는데, 그 친구에게 "넌 무슨 과목을 제일 잘해?"라고 물어보니 "특별히 잘하는 과목은 없어."라고 대답했다. 실제로 A군의 시험 성적을 보니 놀랍게도 대단하다 싶은 과목이 없었다. 하지만 합계를 내 보니 신기하게도 합격선을 훌쩍 뛰어넘었다. 많은 학교에서 최소 합격점을 공표하는데, 아무리 붙기 힘든 학교라 해도 70퍼센트 정도의 성적이면 대부분 합격할 수 있다.

이는 중학교 입학시험도 마찬가지다. 효율이 나쁜 '완벽주의' 공부 방식을 피하고 '70퍼센트 정도만 맞히면 충분하지.' 정도의 감각으로 공부하는 것이 중요하다. 아이를 가르치는 아버지도 이 점을 꼭 마음에 새겨 두기 바란다. 앞서도 말했지만 이것은 좀처럼 쉬운 일이 아니다. 예를 들어 '소금물' 문제에 자신이 생기면 재미있으니까 완벽해지려고 그 문제만 공부하려고 한다. 그러나 그럴 시간이 있으면 자신이 약한 분야에 투자하는 것이 합격의 비결이라고 생각한다. 그야말로 '재미없는 공부'가 되어 버리겠지만, 그럼으로써 다른 사람과 차이를 벌릴 수 있다. 반대로 말하면 즐겁고 재미있는 공부는 조금 위험할지도 모른다.

상위권 학교가 아니더라도 중학교 입시 수학에서 제한 시간 안에 만점을 받기는 쉽지 않다. 나도 초등학교 때 2년 동안 날이면 날마다 아버지에게 꾸중을 듣고 울면서 공부했지만 입학시험에서 받은 점수는 고작 75점 정도였던 것으로 기억한다. 그러나 결과적으로는 합격했다. 당시를 되돌아보면 분명히 한 과목에 치우치지 않고 고루고루 점수를 받기 위한 학습 방식이었다고 생각한다. 아버지가 정한 '한번 깨우친 문제는 다시 공부하지 않는다.'라는 규칙은 절대적이었고, 날마다 아버지가 내 주신 문제는 분명히 내 약점을 간파하고 약한 분야에서 출제한 것이었다. 내가 좋아하는 분야의 문제는 거의 풀어 보지 못했다.

"특별히 잘하는 과목을 만들지 않는다."라고 하면 역설적인 말이 되겠지만, 그런 감각으로 공부하면 석 달 만에 중학교 입시 수학의 윤곽을 이해할 수 있을 것이다. 연립 방정식부터 시작해 '여행자 계산'과 '업무 계산' 같은 입학시험 문제 가운데 기본적인 것은 술술 풀게 될 것이다. 어려운 문제는 풀지 못하더라도 기본, 표준 문제는 풀 수 있게 된다. 그런 상태가 되면 모의고사 문제를 복습해 보는 것도 매우 효과적이다. 기본을 모르면서 모의고사 문제를 복습하는 데 시간을 들이는 것은 아까운 일이다.

Essay 10
아이가 수학에 재미를 붙여 스스로 공부하도록 계기를 만들어 주자

아이가 수학에 재미를 붙여 스스로 공부에 열중하면 그보다 좋을 수는 없다. 아버지로서도 안심이 될 것이다. 그러나 역시 현실은 만만치 않아서, 아이가 수학을 좋아하게 만들기는 쉽지 않다. 평범한 초등학생에게 공부는 역시 재미없는 일이기 때문이다. 나도 공부를 싫어한다. 공부는 하면 할수록 벽에 부딪히게 될 때가 많기 때문에 점점 하기가 싫어진다. "그렇게 공부를 싫어하는 사람이 왜 공부를 가르치고 있지?"라고 되묻는 사람도 있겠지만 정말로 싫어했다. 그러나 어떻게든 스스로 공부를 계속할 수 있었던 것은 나의 숨은 자랑거리다.

내 경우, 중학교 입학시험 공부를 한 경험이 기본적인 공부 자세에 큰 영향을 끼쳤다. 수학 공부는 분명히 재미없지만, 전에는 풀지 못했던 문제를 풀게 되면 누구나 뿌듯한 마음이 생긴다. 이는 작은 '성취감'이다. 그리고 입학시험에 합격하면 기쁨은 더욱 커지고 자신감도 생기게 된다.

초등학생이라는 아직 어린 나이에 이런 성취감을 느끼는 것은 매우 중요한 일이 아닐까? 성취하는 과정은 힘들지만 그 성취감을 맛보고 싶으니까 노력하게 된다. 입학시험의 합격 여부보다 이렇게 노력하는 과정이 더 의미가 있다는 생각이 들 때도 있다.

초등학생이라면 "다음 시험에서 10등 안에 들면 게임을 사 줄게."와 같이 상품을 내거는 것도 한 가지 방법이다. 내가 초등학교 5학년 때 아버지는 '전국 모의고사에서 1등을 하면 100만 원, 5등 안에 들면 10만 원…….'이라고 쓴 종이를 내 방에 붙여 놓으셨다. 성적이 좋으면 게임을 사 주곤 하셨기 때문에 그때는 정말로 그 말을 믿고 열심히 공부할 마음이 생겼던 기억이 난다. 실제로 6학년 때는 전국 모의고사에서 3등을 한 적도 있다. 그때는 이미 그 종이가 무슨 이유에서인가 사라져 버린 뒤였지만, 그런 것은 아무래도 상관없을 정도로 기뻤던 기억이 난다.

 아마 수학은 '남들에게 뒤지고 싶지 않은' 과목일 것이다. 남들에게 뒤지고 싶지 않기 때문에 더욱 '성취'하고 싶고, 그러기 때문에 스스로 공부를 계속할 수 있다고 생각한다.
 그러나 스스로 공부할 마음이 생겨도 공부하는 방법을 모른다면 학습 효과가 오르지 않는다. 그러므로 부디 수학 공부를 계기로 '이해하는 일의 중요성'과 '기억법', '이해하는 방법', '자신의 약점을 극복하는 방법'도 가르쳐 주기 바란다.
 그리고 아버지들은 수학을 가르치는 것이 매우 즐거운 일이라는 걸 염두에 둘 필요가 있다. 입시 수학에 익숙해지면 자신이 만든 문제를 아이에게 내 보자. 가끔은 아이가 문제를 만들고 아버지가 풀어 봐도 재미있을 것이다. 문제를 만들어 보도록 함으로써 아이의 이해도를 잘 알 수 있을 뿐만 아니라, 아버지가 그 문제를 푸느라 고민하면 아이에게는 그보다 통쾌한 일이 없을 것이다.
 이처럼 수학을 통해 아이와 대화하는 것은 아이가 수학을 좋아하도록 만드는 데 중요한 요소다. 때로는 엄하게, 그리고 스스로 즐기면서 아이와 수학 공부를 하는 과정에서 얻는 효과는 매우 클 것이라고 믿는다.

Part 2 실천 편

등장인물 소개

다케우치

아버지에게 중학교 입시 수학의 개념과 구체적인 풀이법을 가르친다. '기본 중의 기본', '예제', '과거 입학시험 문제'를 이용해 요점을 정리하면서 자세히 해설한다. 때로는 아버지의 질문에 당황하기도….

아버지

중학교 입학시험을 경험해 본 적이 없으며, 다케우치와 대화를 나누면서 기초부터 배운다. 이 책을 끝까지 읽은 뒤에는 중학교 입시 수학의 윤곽을 이해하게 되고 아이에게 공부를 가르칠 수 있는 수준에 이른다.

아이들

'아이들이 자주 하는 말' 코너에 등장한다. 다케우치가 과외 선생 등을 하면서 자주 들었던 이야기를 들려준다. 아버지에게 아이들이 하는 생각을 가르쳐 주는 역할을 한다.

〈실천 편〉을 보는 법

〈실천 편〉의 각 주제는 모두 아래와 같은 네 단계로 구성된다. 사전 지식이 전혀 없는 아버지라도 끝까지 읽은 뒤에는 상위권 학교의 과거 입학시험 문제를 아이에게 가르쳐 줄 수 있는 수준에 이르도록 설계했다.

기본 중의 기본

반드시 기억해 둬야 할 기초 지식. 이후 나오는 문제 해설은 모두 이 기본 중의 기본을 이해했음을 전제로 진행되기 때문에 다 외운다는 생각으로 읽도록 하자.

예제

각 주제를 이해하는 데 가장 적합한 예제로서 다케우치가 만들었다. 과거 입학시험 문제를 풀기 위한 실력을 여기에서 키워 놓자.

과거 입학시험 문제

상위권 또는 최상위권 학교에서 과거에 출제했던 문제를 이해하기 쉽도록 고쳐 놓았다. 예제까지 제대로 이해했다면 문제없이 풀 수 있을 것이다.

정리 평가

각 주제의 마지막에 나오는, 해당 분야에 대한 다케우치의 평가. 지금까지 설명한 내용을 제대로 이해했는지 마지막으로 확인하는 역할을 한다.

아이를 가르칠 때 아버지가 마음속에 새겨 둬야 할 중요한 핵심을 **테크닉**과 **중학교 입시 수학의 맥, 아이들이 자주 하는 말**에 정리해 놓았다. 이 부분만 따로 읽어도 효과적으로 복습할 수 있도록 각각 독립된 항목으로 구성했다.

테크닉

각 주제에서 반드시 기억해 둬야 하는 구체적인 문제 풀이 테크닉. 이해는 나중에 하고 일단은 외워서 실전에 사용할 수 있도록 하자.

중학교 입시 수학의 맥

각 주제마다 한 가지씩, 중학교 입시 수학 전반에 공통되는 개념과 공부법, 기술을 집약한 다케우치만의 비법.

아이들이 자주 하는 말

다케우치가 과외 등을 가르치면서 아이들에게 자주 들은 말을 모아 놓은 코너. 다케우치가 이 책을 통해 그 의문에 대답한다.

CATEGORY

I

실 천 편

응용문제

여행자 계산과 소금물 문제, 경우의 수 등으로 대표되듯이, 응용문제는 일상생활에서 자주 접하는 현상을 수치로 바꿔 출제된다. 기본적으로는 초등학생에게도 친숙한 것들이며, 숨겨진 정보를 어떻게 발견하느냐, 그리고 구체적으로 어떻게 계산해 답을 구하느냐가 바로 출제자의 의도다.

STEP **1**

LET'S START!!

여행자 계산
(속도 · 시간 · 거리 계산)

기본적인 것에서 난이도가 높은 것까지 다양한 문제가 출제되는 인기 문제인 '여행자 계산'을 다룬다. '속도', '시간', '거리' 등의 값을 '수직선'을 이용해 눈에 보이는 형태로 만들어 '누가', '언제', '어디서'의 수수께끼를 명쾌하게 풀어 보자!

STEP 1

여행자 계산
(속도·시간·거리 계산)

 자, 아버님. 출발하겠습니다! 먼저 '여행자 계산'부터 시작하지요.

 '여행자 계산'부터 시작한다는 건 입학시험에도 자주 나온다는 뜻인가요?

 네, 그래요. 어떤 중학교든 이것에 관련된 문제가 나오지 않는 해는 거의 없어요. 기초적인 내용이야 학교에서도 가르쳐 주지만, 그것만으로는 아무래도 제대로 풀기가 힘들지요.

 상당히 중요한 분야라는 뜻이군요.

 먼저 '여행자 계산'을 공부하는 데 필요한 기본 중의 기본을 소개하겠습니다.

기본 중의 기본

(속도)·(시간)·(거리)

(속도) = (거리) ÷ (시간)
(시간) = (거리) ÷ (속도)
(거리) = (속도) × (시간)

▶ **기억하는 법**

'거' = (거리)   '속' = '거' ÷ '시'
'속' = (속도)   '시' = '거' ÷ '속'
'시' = (시간)   '거' = '속' × '시'

▶ **이용법**

구하려고 하는 대상을 손가락으로 가리고 나머지를 계산한다.

예제 1

오른쪽 그림과 같이 100미터 떨어진 지점 A와 지점 B가 있다. 철이는 A지점에서 화살표 방향으로 초속 5미터의 속도로 이동하고 있고, 영수는 B지점에서 화살표 방향으로 초속 3미터의 속도로 이동하고 있다.

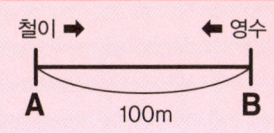

(1) 두 사람이 동시에 출발한다면 몇 초 뒤에 서로 만나게 될까?
(2) 두 사람이 만나는 곳은 A지점에서 몇 미터 떨어진 곳일까?

 두 사람이 점점 가까워지는 것이군요? 그러다 언젠가는 만나겠고……. 잘 모르겠어요. 이걸 아이한테 어떻게 가르쳐야 할까요? 오른쪽 그림 1처럼 표를 만들면 이해하기 쉽겠지만……

그림 1

	두 사람의 거리
1초 후	92 m
2초 후	84 m
3초 후	76 m
⋮	⋮
?초 후	0 m

 네, 맞아요. 처음에는 표를 그려서 '두 사람의 거리가 점점 줄어든다.'는 것을 보여 주세요. 하지만 그 표로는 '?' 초 후의 '?'를 정수로만 나타낼 수 있어요. 답이 소수가 되면 방법이 없지요. 그래서 이럴 때를 대비한 테크닉이 하나 있어요.

테크닉 1 '만나기'에는 '덧셈'

 분명히 식 ①에서는 덧셈을 하는군요. 그런데 왜 덧셈을 하지요?

(철이의 속도) + (영수의 속도) ➡
식 ①　5 m + 3 m = 8 m

 두 사람이 마주 보고 이동할 때, 그러니까 둘이 '서로 만나기 위해' 이동할 때는 그림 2와 같이 1초마다 두 사람의 (속도)의 '합' 만큼 가까워져요. 그러니까 '덧셈'을 하는 것이지요.

그림 2

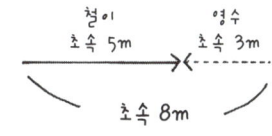

두 사람이 초속 8미터의 (속도)로 가까워 진다는 건가…….

 두 사람 사이의 (거리)는 처음에 100미터 였어요. 그러니까 식 ②를 쓰면 둘이 만날 때까지 걸리는 (시간)을 구할 수 있어요.

(거리) ÷ (속도의 합) ➡
식 ② 100 m ÷ 8 m
    = 12.5 초 후 (1)

 아이한테 가르쳐 줄 때는 여기에서 바로 '속·시·거 그림'이 활약할 것 같군요.

 그렇죠. 처음에는 공책에 '속·시·거 그림'만 새카맣게 그려져 있을 거예요. 하하.

 (2)는 식 ③으로 구할 수 있겠군요. (1)에서 두 사람이 이동한 (시간)을 알았으니까요.

(철이의 속도) × (시간)
식 ③ 5 m × 12.5 초
    = 62.5 m (2)

 문제 (2)는 말이죠, 아버님께는 간단해도 아이들은 어떻게 풀어야 할지 헷갈려 하는 경우가 있어요

생각만 하지 말고 직접 손으로 써 보자! 머릿속에 있는 이미지를 수직선 위에 그려서 해결!

 아니, 어떻게요?

 두 사람이 이동한 (시간)이 12.5초잖아요? 그러니까 한 사람은 12.5 ÷ 2……. 이런 식으로 생각하는 것이지요.

 아하! 그럴 때는 어떻게 하지요?

【해답】
(1) 12.5 초 후 (2) 62.5 m

중학교 입시 수학의 맥 — 만능 해결사 '수직선(數直線)'

입시 수학에서는 '여행자 계산' 뿐만 아니라 어떤 문제든 '할 수 있는 것부터 해 나가는' 자세가 필요하다. 그리고 '여행자 계산'에서 '할 수 있는 것'은 바로 '수직선'을 그리는 일이다.

오른쪽에 있는 그림 3과 같이 '수직선'을 그려 주세요. 이해하는 데 도움이 될 거예요.

그림 3

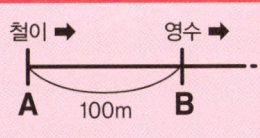

예제 2

오른쪽 그림과 같이 100미터 떨어진 두 지점 A와 B가 있다. 철이는 A지점에서 화살표 방향으로 초속 5미터의 속도로 이동하고, 영수는 B지점에서 화살표 방향으로 초속 3미터의 속도로 이동하고 있다.

(1) 두 사람이 동시에 출발한다면 몇 초 후에 철이가 영수를 따라잡게 될까?
(2) 철이가 영수를 따라잡은 위치는 A지점에서 몇 미터 떨어진 곳일까?

 이번에는 예제 1과 반대로 도망가는 영수를 철이가 쫓아가는 상황이군요.

 네. 이번에도 예제 1과 같이 테크닉을 사용해 풀어 보지요.

테크닉 2

'쫓아가기'에는 '뺄셈'

식 ①에서는 뺄셈을 했어요. 이 문제에서는 철이가 영수를 '쫓아가는' (속도)에 주목해야 해요.

(철이의 속도) − (영수의 속도) ➡
식 ① 5 m − 3 m = 2 m

그렇군요. 그다음은 예제 1과 똑같겠어요. 식 ②를 이용하면 따라잡기까지 걸리는 (시간)을 알 수 있겠군요.

(거리) ÷ (속도의 차) ➡
식 ② 100 m ÷ 2 m
= 50초 후 (1)

네, 맞아요. 이것도 예제 1과 마찬가지로 처음에 두 사람의 (거리)가 100미터니까 그걸 '쫓아가는' (속도)로 나누면 되는 거예요.

 식 ③은 철이가 50초 동안 이동한 위치니까 곱셈을 하는 것이군요.

(철이의 속도)×(시간) ➡
식 ③ 5 m × 50 초
     = 250 m (2)

【해답】
(1) 50 초 후   (2) 250 m

예제 3

오른쪽 그림과 같이 철이와 영수가 각각 A지점과 B지점에서 동시에 출발한다. 이때 다음 물음에 답하시오.

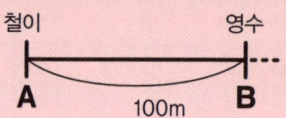

(1) 철이는 오른쪽으로, 영수는 왼쪽으로 출발했을 때 두 사람은 20초 뒤에 만났다. 두 사람의 속도의 합을 초속으로 구하시오.
(2) 철이도 오른쪽으로, 영수도 오른쪽으로 출발했을 때 100초 뒤에 철이가 영수를 따라잡았다. 두 사람의 속도의 차를 초속으로 구하시오.
(3) (1)과 (2)의 결과에서 두 사람의 각각의 속도를 초속으로 구하시오.

 예제 1이나 2와는 반대로 여기에서는 시간은 알지만 두 사람의 속도는 몰라요.

 두 사람의 속도의 합이라……. 이건 좀 전에 나왔던 두 사람이 만나는 (속도)군요?

 바로 그거예요!

 거리와 시간을 알고 두 사람이 만나는 (속도)를 구하는 거니까, 식 ①을 쓰면 되겠네요.

(거리)÷(시간) ➡
식 ① 100 m ÷ 20 초
     = 초속 5m (1)

그러면 (2)는 어떻게 풀어야 할까요?

 이것도 (1)하고 마찬가지로 간단하지요. '쫓아가는' (속도)를 구하라는 뜻이잖아요? 그러니까 식 ②가 되겠지요.

(거리) ÷ (시간) ➡
식 ② 100 m ÷ 100 초
= 초속 1 m (2)

 이제 완벽하시네요! (3)은 어떻게 해야 할까요?

 하하, 절 우습게 보지 마세요. 이런 문제야 철이의 속도를 X, 영수의 속도를 Y로 놓으면 X + Y = 5, X − Y = 1이니까……

가르쳐 줄 때 방정식을 쓰면 안 돼요!

 자, 잠깐만요. 그건 연립 방정식 아닙니까? 저도 경험이 있어서 말씀드리는 건데, 초등학생들은 일단 'X'나 'Y'가 나오면 무슨 소리인지 하나도 이해를 못 해요. 이럴 때는 아래의 그림 1처럼 수직선을 그리면 쉽게 이해할 거예요.

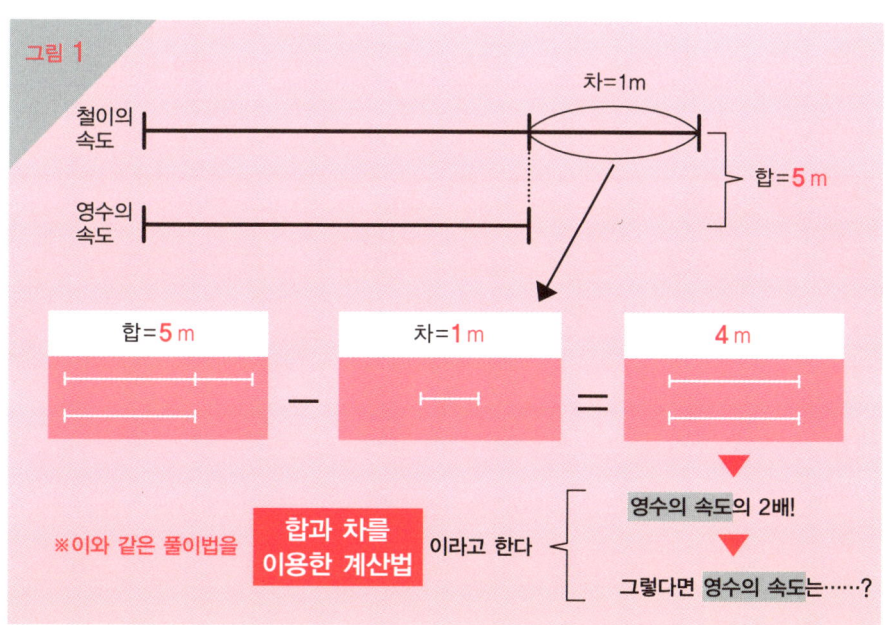

합과 차를 이용한 계산법이라…….

 두 수의 '합'과 '차'를 알면 각각의 수도 알 수 있다는 것은 방정식을 알면 당연하게 들리겠지만 아이들한테는 신기한 이야기예요. 꼭 가르쳐 주세요.

 하지만 그림 1만 있으면 다음 문제들도 간단하군요. 영수의 속도는 식 ③으로 구할 수 있고 철이의 속도는 식 ④처럼 속도의 차인 1미터를 더하기만 하면 오케이지요.

식 ③ 4 m ÷ 2 = 초속 2m (3)

식 ④ 2 m + 1 m = 초속 3m (3)

 그림으로 보니까 간단하지요?

 그렇군요. 금방 이해가 됐어요. 그런데 문제가 너무 쉬운 거 아닌가요? 하하.

 하하. 그래요? 그럼 조금 난이도가 높은 예제로 넘어가지요. 아주 좋은 문제입니다.

【해답】
(1) 초속 5 m   (2) 초속 1 m
(3) 철이 : 초속 3 m
    영수 : 초속 2 m

 어디 한번 내 보세요.

예제 4

철이는 1분에 50미터, 영수는 1분에 60미터의 속도로 걷고 있다. 오른쪽 그림과 같이 두 사람이 동시에 서로를 향해 출발하여 양 지점의 한가운데에서 40미터 떨어진 곳에서 만났다. AB 사이의 거리를 구하시오.

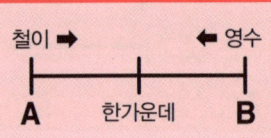

예제 4도 푸실 수 있겠어요?

 물론 이 정도야 간단하지요. 철이가 분속 50미터, 영수가 분속 60미터이고 둘이……. 어라? 뭔가 알 것 같으면서도 모르겠는걸요? 살짝 설명 좀 부탁해도 될까요? 헤헤.

 그러면 먼저 만능 해결사인 '수직선'을 그려 보도록 하지요. 오른쪽 그림 1을 봐 주세요.

그림 1

 아, 그렇군요! 철이보다 영수가 빠르니까 A지점 쪽으로 40미터 떨어진 곳이라는 걸 알겠어요. A지점과 B지점 중에 어느 쪽으로 40미터인지 헷갈렸습니다.

 그러셨군요. 저도 처음에 이 문제를 봤을 때는 '뭔가 빠진 거 아냐?'라고 생각했지요. 하하.

 어? 하지만 그다음에는 어떻게 풀어야 하지요?

 그림을 그려도 알 수 없다면 이제 테크닉이 등장할 차례지요.

테크닉 3
이동한 거리의 '차'에 주목!

 이것만 가지고는 아직 알기가 힘들지요. 그림을 고쳐 볼게요. 그러면 그림 2와 같이 됩니다.

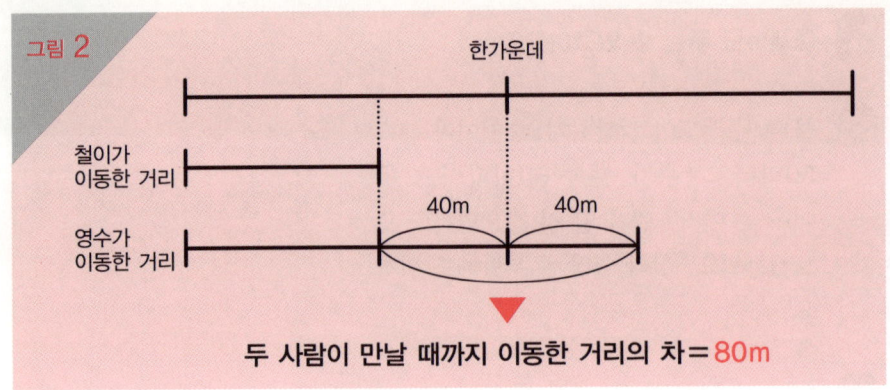

 철이는 '한가운데'에서 40미터를 덜 갔고, 영수는 '한가운데'에서 40미터를 더 갔으니까 분명히 그렇게 되는군요.

 이렇게 그림을 그리면 '이동한 거리의 차'를 쉽게 알 수 있지 않을까요?

 분명히 '차'가 80미터라는 걸 금방 알 수 있겠어요. 그러니까 식 ①처럼 40미터의 두 배라는 건가요? 그림을 그려 보지 않으면 차이가 40미터라고 말하기 쉽겠군요.

식 ① 40 m × 2 = 80 m

 어떤 의미에서는 '함정 문제'라고 할 수 있지요. 하지만 지금 함정에 걸리고 나면 다시는 틀릴 일이 없을 거예요.

 그리고 식 ②는 두 사람의 (속도)의 '차'를 구하는 거고. 하지만 왜 '차'를 구하는 거지요?

(영수의 속도) − (철이의 속도)
식 ② 60 m − 50 m = 10 m

 식 ③을 보세요. 이제 식 ①과 식 ②의 결과에서 두 사람이 '만날' 때까지 걸리는 (시간)을 알 수 있어요.

식 ③ 80 m ÷ 10 m = 8 분

으음, 어디 보자······.

 오른쪽의 그림 3을 봐 주세요.

그림 3

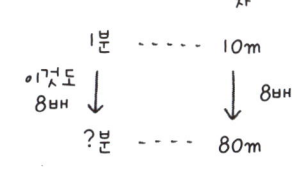

 그렇군요. 1분 동안 이동한 거리의 '차'는 식 ②에 따라 10미터니까, '차'가 80미터 일 때는 몇 분 뒤일까? 이런 뜻이군요.

 네, 바로 그거예요. 여기까지 이해하셨으면 그다음은 간단해요.

 만나는 (속도)는 식 ④로 구하면 되겠군요. 그리고 만날 때까지 걸리는 시간이 8분이니까 식 ⑤처럼 풀면 이 문제도 끝이네요.

식 ④   50 m + 60 m = 110 m

식 ⑤   110 m × 8 분 = 880 m

어려운 응용문제는 이야기의 흐름을 떠올리는 것이 비결!

【해답】 880 m

예제 5

오른쪽 그림과 같이 영희는 집에서 공원까지 왕복을 했다. 공원에 갈 때는 분속 96미터, 돌아올 때는 분속 84미터의 속도로 걸었더니 왕복하는 데 15분이 걸렸다.
집에서 공원까지 거리는 몇 미터일까?

'여행자 계산'의 기본을 깨친 아이라면 '이런 것쯤이야 식은 죽 먹기지~'라고 생각하겠지만 막상 풀어 보면 의외로 만만치 않은 문제지요.

언뜻 봐서는 간단해 보이는데……. 그런데 이번에는 여자 아이가 나왔군요. 남자 아이들은 쉬는 시간인가? 하하.

하하. 당연한 말인지 모르겠지만, 여자 중학교의 입학시험 문제에는 거의 100퍼센트 여자 아이가 등장하지요.

그나저나 예제 5는 어떻게 해야 좋을까? 실마리가 보이지 않는데요.

테크닉 4   ※같은 거리를 이동할 때는

'속도의 반비' = '걸린 시간의 비'

'반비' …… A : B의 반비는 B : A.
3 : 2의 반비는 2 : 3

일단 '분속'이 주가 되니까 한 시간을 분으로 고쳐 놓습니다. 말할 것도 없이 식 ①이 되지요.

식 ① 1시간 = 60분

(갈 때)와 (돌아올 때)의 속도의 비는 식 ②가 되는군요.

식 ② 분속 96 m : 분속 84 m
　　　= 8 : 7

 테크닉 4에 따라서 (갈 때)와 (돌아올 때) 걸린 시간의 비는 식 ③과 같이 반비가 되지요.

식 ③ 8 : 7 ➡ 7 : 8

 합계가 15분이니까 식 ③에서 구한 비가 그대로 시간이라고 생각하면 되지 않을까요?

 그렇죠, 식 ④와 같습니다.

식 ④ 7 : 8 = 7분 : 8분

 (갈 때)는 분속 96미터의 속도로 7분 동안 걸었으니까 식 ⑤가 집에서 공원까지 거리군요.

식 ⑤ 분속 96 m×7분
　　　= 672 m

 물론 식 ⑥과 같이 (돌아올 때)를 이용해 계산해도 결과는 같아요.

식 ⑥ 분속 84 m×8분
　　　= 672 m

 그래요? 그렇다면 테크닉 4가 어떻게 성립하는 건가요?

 오른쪽 그림 1을 보세요. 이 그림에 여러 가지 수치를 설정해서 아이를 이해시켜 주세요. 그러면 반비가 된다는 것을 실감할 수 있을 거예요.

그림 1

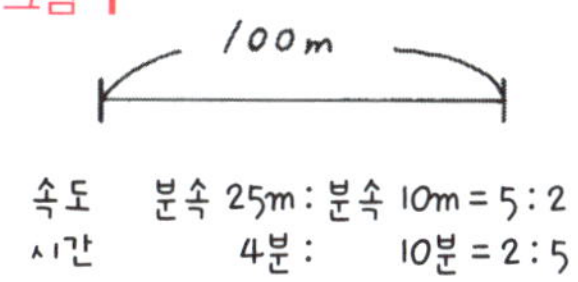

속도　분속 25m : 분속 10m = 5 : 2
시간　　4분　 :　10분　 = 2 : 5

 빠르면 빠를수록 시간이 짧아진다는 건 당연한 이치지만 아이들은 아직 그런 상식을 갖추지 못했다는 점을 명심하고 가르치는 게 중요하겠군요.

 이제 충분히 익숙해지셨을 테니 실제로 출제됐던 문제를 풀어 보도록 할까요?

어떤 문제일지 기대되는데요.

 만났다가 헤어지고 다시, 또 만난다는 줄거리의 문제예요. 나다 중학교(灘中學校 ; 도쿄 대학과 교토 대학 합격자를 많이 배출하는 유명 중학교-옮긴이) 입학시험에 나온 문제니까 확실히 어렵겠지만, '할 수 있는 것부터 해 나간다.'라는 입시 수학의 철칙을 잊지 마세요.

【해답】 672 m

과거 입학시험 문제 ▶나다 중학교(수정)

P마을과 Q마을은 16.2킬로미터 떨어져 있다. A군은 P마을에서 Q마을을 향해, B군은 Q마을에서 P마을을 향해 자전거를 타고 오전 9시에 출발해 한 번 왕복했다. 두 사람이 처음 만난 시각은 오전 9시 40분이며, 두 번째로 만난 곳은 두 사람 모두 되돌아오는 길에 P마을에서 5.4킬로미터 떨어진 지점이었다. 두 사람의 속도가 각각 일정하다고 했을 때 A군과 B군의 속도를 각각 분속으로 구하시오.

 여러 가지 정보가 나와 있지만 이 상태로는 알기 힘드니까 그림을 그려 볼게요. 아래의 그림 1을 봐 주세요.

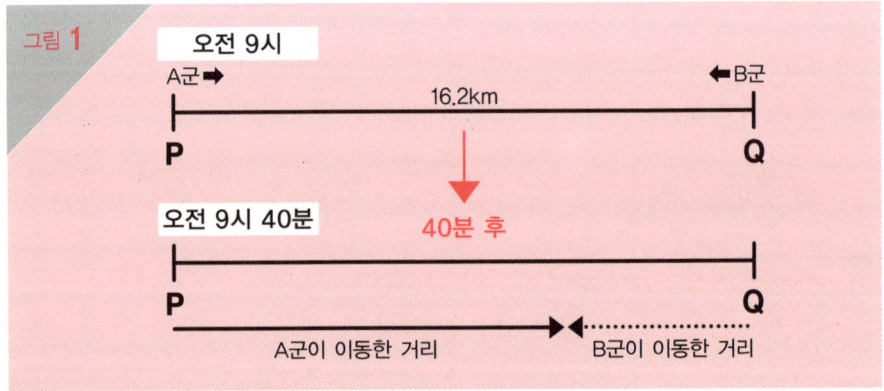

 두 사람이 처음으로 만날 때까지는 이런 상황이었군요. A군과 B군 가운데 어느 쪽이 빠른지 깊이 생각하지 않아도 그림을 그리니까 분명해지는걸요.

그림을 그리지 않으면 뭘 어떻게 해야 할지 알 수 없지요.

 으음……, 먼저 두 사람을 합쳐서 40분 동안 16.2킬로미터를 이동했으니까 식 ① 로 만나는 (속도), 그러니까 두 사람의 분속의 '합'을 구할 수 있군.

 아주 중요한 정보를 얻었네요. 그러면 다음 단계로 들어가 볼까요? ♪

 제가 직접 그림을 그려 봤는데, 이렇게 하는 게 맞나요? 아래의 그림 2를 봐 주세요.

▶▶ 아이들이 자주 하는 말

 무슨 소리인지 하나도 모르겠어요.

 아이들은 언뜻 보기에 문제의 설정이 복잡하면, 아무것도 안 하고 '모르겠어요.'라고 말합니다. 무엇이든 좋으니 '할 수 있는 것'을 찾아내는 것이 중요합니다.

식 ① 16200 m ÷ 40 분
   = 405 m

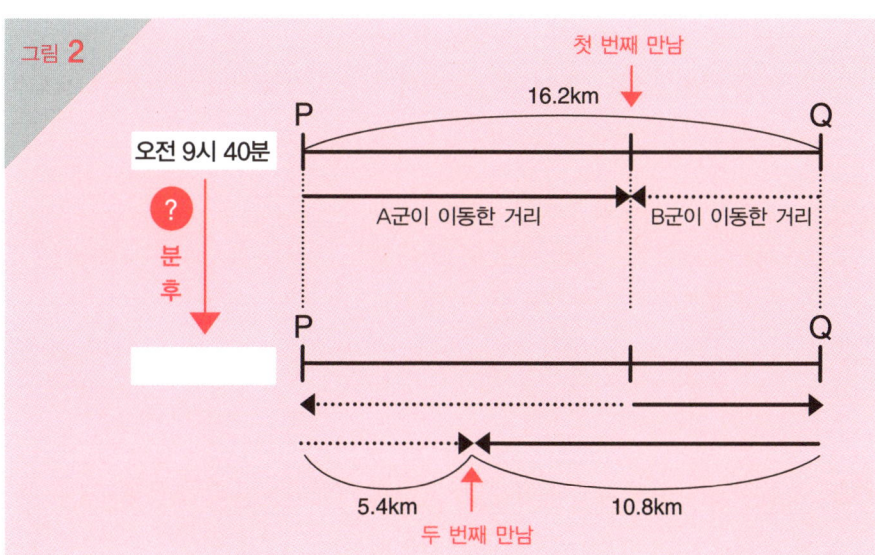

그림 2

 문제의 내용이 그대로 수직선에 나타나 있군요. 아주 잘 그리셨어요.

 어떻게 그리는지 이제 좀 알 것 같아요. 하지만 이제부터 어떻게 해야 할지…….

다시 한 번 그림에 주목해 보지요. 아래의 **그림 3**을 봐 주세요.

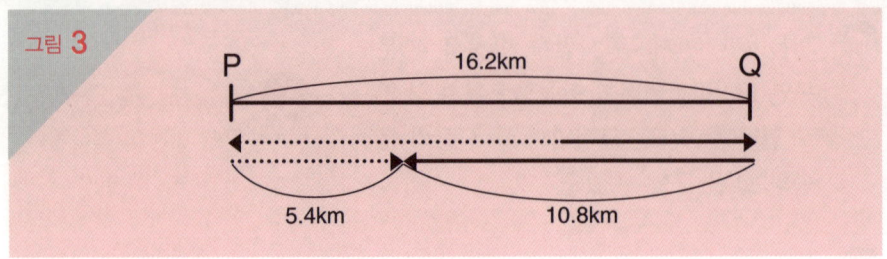

 그림 2의 아래쪽 부분만 다시 그려 봤습니다. 화살표가 두 사람이 이동한 (거리)예요. 그러니까…….

 알았다! 처음 만났을 때부터 두 번째 만날 때까지 두 사람을 합쳐서 16.2킬로미터의 두 배를 이동했군요! 즉 **식 ②**처럼 되니까 32.4킬로미터를 이동한 거지요?

식 ②　$16.2\,km \times 2 = 32.4\,km$

 식 ①에서 두 사람의 분속의 '합'을 알았으니까 **식 ③**으로는 처음 만난 뒤 두 번째로 만날 때까지 걸린 시간을 알 수 있어요.

식 ③　$32400\,m \div 405\,m$
　　　$= 80$ 분

 그리고 **식 ④**로 두 사람이 두 번째로 만난 시각을 알 수 있다는 말인가요?

식 ④　오전 9시 40분 + 80분
　　　= 오전 11시

 그러면 **식 ⑤**를 통해서 두 사람이 출발해 두 번째로 만날 때까지 두 시간이 걸렸음을 알 수 있지요.

식 ⑤　오전 11시 - 오전 9시
　　　= 2시간

 식 ⑥으로 A군이 두 시간 동안 이동한 (거리)를, **식 ⑦**로 B군이 두 시간 동안 이동한 (거리)를 알 수 있고요.

식 ⑥　$16.2\,km + 10.8\,km$
　　　$= 27\,km$

식 ⑦　$16.2\,km + 5.4\,km$
　　　$= 21.6\,km$

 그러면 이제 정리를 해 봅시다. ♪

식 ⑧과 식 ⑨면 이 문제도 끝. ♪ 할 수 있는 것을 충실히 해 나가니까 의외로 쉽게 풀리는걸!

네, 맞아요. 하지만 사실은 식 ①에서 (속도)의 '합'을 구할 필요는 없었어요. 출발한 뒤 두 번째로 만날 때까지 걸린 시간은 그림 4와 같이 생각하면 금방 알거든요.

아! 그렇군요. 그러니까 식 ③의 계산도 필요가 없었구나.

하지만 아이들도 아마 '합'을 구하는 편이 금방 이해가 될 거예요. 일단 풀어 본 뒤에 그림 4를 설명해 주는 게 좋을 것 같네요.

식 ⑧ 27000 m ÷ 120 분
= 분속 225 m (A)

식 ⑨ 21600 m ÷ 120 분
= 분속 180 m (B)

그림 4

두 사람이 만나는 데 걸리는 시간
16.2km ········ 40분
32.4km ········ 80분
———————————
합계 120분

【해답】
A군 : 분속 225 m
B군 : 분속 180 m

정리 평가 1 ▶ 여행자 계산

역시 나다 중학교의 문제는 상당히 수준이 높습니다. 당연한 이야기지만 입학시험에서는 풀 수 있느냐 없느냐를 평가합니다. 논리적으로 올바르기만 하다면 어떤 방식으로 풀어도 상관없으므로 답을 이끌어내는 것이 선결 과제입니다. 처음부터 그림 4(과거 입학시험 문제)와 같은 훌륭한(?) 생각을 할 필요는 없습니다. 아이가 나름대로 풀 수 있게 된 뒤에 가르쳐 주시기 바랍니다.

MEMO

STEP 2
주기 계산
(규칙성을 이용한 계산)

GO TRY!

길게 나열된 숫자에서 규칙성(주기성)을 찾아내 저 끝에 있는 숫자를 예측하는 것이 '주기산'의 기본 목표!!
'1주기의 개수', '1주기의 합' 등에 주목하며 목표로 정한 숫자까지 '몇 주기와 몇 개가 들어 있는가?'를 정확히 파악해 나가자!

STEP 2
주기 계산
(규칙성을 이용한 계산)

 여행자 계산에 이어서 이번 장에서는 '주기 계산'을 배워 보도록 하지요.

 주기 계산? 그게 뭐지요?

 조금 거창하게 말하면 '미래 예측 계산법'이라고나 할까요?

 음……. 무슨 말인지 더 모르겠는데요.

 제 입으로 말해 놓고도 조금 창피하네요. 죄송합니다. 하하.

기본 중의 기본

'똑같은 유형'이 '반복된다' ▶ **주기(규칙)**

▶예) 숫자의 나열인 경우

1 2 3 4 1 2 3 4 1 2 3 4 1 2 3 4 1 2 3 4 1 2……

1주기 = '1 2 3 4'
2주기 = '1 2 3 4 1 2 3 4'

▶예) 기호의 나열인 경우

○●●●○○○○●●●○○○○●●●○○○……

1주기 = '○●●●○○○'

| 예제 1 | 2006년 8월 7일은 월요일이다. 그렇다면 1년 후인 2007년 8월 7일은 무슨 요일일까? |

 식 ①의 365는 1년 365일을 가리키는 것이군요. 그런데 그걸 왜 7로 나누지요?

식 ① $365 \div 7 = 52 \cdots 1$

 예제 1에서 물어보는 것은 요일이지요? 그런데 요일은 1주일, 즉 7일 주기지요.

 아하, 무슨 말인지 알겠어요. 그러니까 1년이 몇 주로 되어 있는지 구한 것이군.

 네, 그렇지요. 하지만 이 식에서 중요한 것은 52주가 아니라 '나머지'인 1일이에요.

 확실히 식 ②에서는 주는 빼 버리고 '나머지'만 썼군요. 그런데 왜 그런 거지요?

식 ② (월요일) + 1일 = (화요일)

 오늘이 월요일이라면 1주일 뒤는 무슨 요일일까요? 당연히 월요일이지요? 그러면 2주 뒤는? 역시 월요일이에요. 따라서 2006년 8월 7일의 52주 뒤도 월요일입니다. 그런데 식 ①을 보면 1년이 지나려면 52주하고도 하루가 더 지나야 한다는 것을 알 수 있어요. 그러니까 1년 후는 월요일 다음 요일이 되는 것이지요. 그것을 설명한 것이 그림 1이에요.

그림 1

 월요일에서 하루가 더 지나가니까 정답은 화요일이라는 말이군요.

 제가 아이들을 가르치면서 느낀 건데, 초등학생들은 무조건 딱 떨어지게 나누려고 해요. 하지만 '주기 계산'에서 중요한 것은 바로 '나머지'예요. 그러니까 '나머지'의 중요성을 가르쳐 주세요.

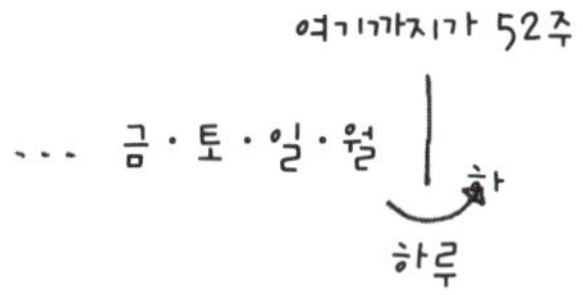

【해답】 화요일

| 예제 2 | 8 5 6 4 7 1 8 5 6 4 7 1 8 5 6 4 7 1 8 5 6 4 7 1 8 5 6 ······
과 같은 식으로 숫자가 규칙적으로 나열되어 있다. 다음 물음에 답하시오.
(1) 첫 8을 첫 번째라고 했을 때 1000번째의 숫자는 무엇인가?
(2) 첫 번째에서 1000번째까지 숫자의 합계를 구하시오. |

 숫자가 길게 나열되어 있는데, 뭔가 보이시나요?

 856471이 반복되는군요.

 네, 맞아요. 그림 1과 같은 식이지요. 그렇다면 '주기'를 발견했으니 (1)은 어떻게 풀어야 할까요?

그림 1

 글쎄요······. 어떻게 풀어야 하지?

 예제 1과 똑같은 방식으로 생각하면 됩니다. 그러면 테크닉을 소개할게요.

테크닉 1 — '1주기의 개수'에 주목!!

 그게 무슨 뜻이지요?

 예제 1에서는 '1주일'이 반복되었지요? 1주일은 7일이니까 예제 1에서 '1주기의 개수'는 7개라고 생각할 수 있어요.

그런 말이었군요. 그러면 이 문제에서는 '1주기의 개수'가 6개가 되겠네요.

 그리고 식 ①을 보면 1000번째까지 166주기가 반복된다는 것을 알 수 있어요.

식 ① $1000 \div 6$
     $= 166 \cdots 4$

 하지만 중요한 건 '나머지'라고 했지요?

 네. 이제 그림 2를 보세요. 그러면 답이 4라는 것을 알 수 있을 거예요.

그림 2

 엥? 예제 1에서는 월요일에서 '나머지'인 하루가 지난 화요일이 답이었잖아요? 그러니까 여기서는 8에서 네 칸을 건너뛴 7이 답 아닌가요?

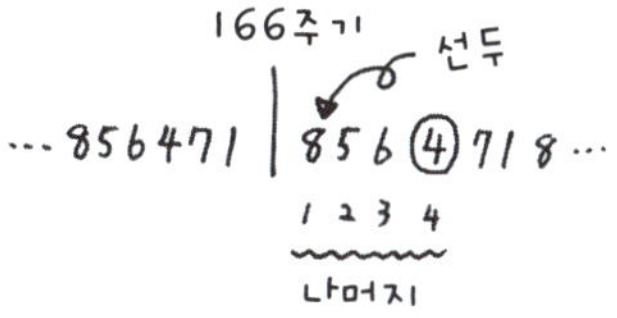

 그 점이 이 문제의 핵심이에요. 이것도 테크닉으로 적어 놓읍시다.

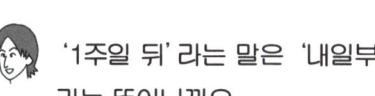

테크닉 2
요일……선두 다음부터
숫자의 나열……선두부터

 '1주일 뒤' 라는 말은 '내일부터 7일 뒤' 라는 뜻이니까요.

이제 알겠어요.

그러면 이제 (2)를 풀어 보도록 하지요. 여기에서 테크닉을 하나 더 소개할게요.

테크닉 3 '1주기의 합계'에 주목!!

 '합계'를 구하는 문제를 풀 때는 식 ②처럼 '1주기의 합계'가 열쇠라는 말인가요?

식 ② 8+5+6+4+7+1 = 31

 (1)에서 구했듯이, 1000번째까지 166주기가 반복되지요. 따라서 166주기의 합은 식 ③과 같아요.

식 ③ 31 × 166 주기 = 5146

 여기에 '나머지'인 네 수의 합계는 식 ④로 알 수 있으니까, 식 ③과 식 ④를 더한 식 ⑤가 답이 되는군요.

식 ④ 8+5+6+4 = 23

식 ⑤ 5146 + 23 = 5169 (2)

 네, 완벽하게 이해하셨네요. 그러면 다음 문제로 넘어가지요.

【해답】
(1) 4   (2) 5169

예제 3 다음 물음에 답하시오.

(1) $\frac{1}{7}$을 소수로 바꿨을 때 소수점 987번째 자리의 숫자는 무엇일까?

(2) 7×7×7× ……과 같이 7을 2006번 곱했을 때 일 단위의 숫자는 무엇일까?

---

 (1) 말인데요, 물론 실제로 계산해 보라는 말은 아니겠지요? 으흠, 이걸 어떻게 해야 하나…….

중학교 입시 수학의 맥

역시 처음에는 시행착오를

아무리 문제를 많이 풀었다고 해도 처음 보는 문제는 항상 있기 마련이다. 그러므로 '처음 본다' = '풀지 못한다' 가 아니라 시행착오를 거쳐 '본 적이 있는' 문제로 바꿔 주는 것이 중요하다.

 식 ①과 같이 실제로 계산을 해 보면……

식 ① $1 \div 7$
  $= 0.14285714285……$

 오오! 소수점 이하에서 142857이 반복되는군요!

 나머지는 간단하지요.

 '1주기의 개수'가 6개니까 식 ②를 이용하면 987번째까지는 164주기가 들어가고 나머지는 3개라는 걸 알 수 있어요.

식 ② $987 \div 6 = 164 \cdots 3$

 그렇지요. 그리고 그림 1과 같이 '주기'의 세 번째 숫자를 찾으면 답은 2임을 알 수 있어요.

그림 1

　　164주기
$\cdots 142857 \mid 14\textcircled{2}857\cdots$
　　　　　　　　$1\ 2\ 3$

 (2)도 실제로 풀어 보면 그림 2처럼 되는군요. 여기에서 일 단위의 숫자를 보면……

그림 2

$7 = \quad\quad ⑦$
$7 \times 7 = \quad 4\textcircled{9}$
$7 \times 7 \times 7 = \quad 34\textcircled{3}$
$7 \times 7 \times 7 \times 7 = \quad 240\textcircled{1}$
$7 \times 7 \times 7 \times 7 \times 7 = 1680\textcircled{7}$

 '주기'를 찾아내셨나요?

 7931이 반복되는군요.

'1주기의 개수'는 4개니까 그다음부터는 전과 똑같이 계산하면 돼요. 식 ③에 따라 나머지가 2니까 그림 3을 그려서 살펴보면 답은 9지요.

식 ③ $2006 \div 4 = 501 \cdots 2$

그림 3

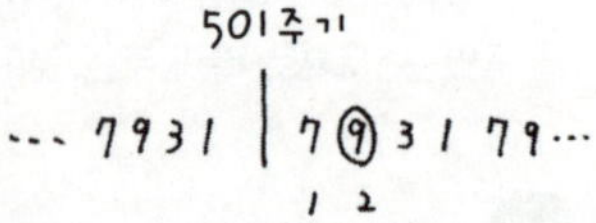

예제 3은 '주기 계산'이라는 것을 깨닫는 과정이 핵심이군요. '주기'만 발견하면 나머지 식은 죽 먹기네. 하하.

아, 그리고 사실은 일 단위의 숫자만 곱해도 전체를 곱한 값의 일 단위 숫자를 알 수 있어요. 이것도 재미있는 성질이지요. 그림 4를 보면 이해가 되실 거예요.

그림 4

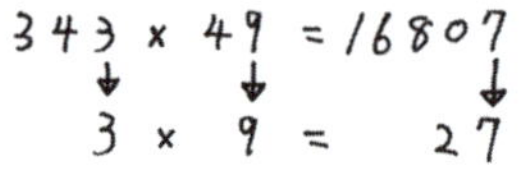

【해답】
(1) 2   (2) 9

예제 4   7 3 8 4 2 6 7 3 8 4 2 6 7 3 8 4 2 6 7 3 ……과 같은 식으로 숫자가 규칙적으로 나열되어 있다. 이때 처음부터 세어서 □번째까지의 숫자를 전부 더하면 2200이 된다. □에 들어갈 수는 몇인가?

예제 2의 (2)를 뒤집은 유형의 문제지요.

휴~ 이건 또 어떻게 풀어야 하나······.

의외로 풀기 힘든 문제일 수도 있어요. 먼저 식 ①과 같이 '1주기의 합'을 구해 봅시다.

식 ① $7+3+8+4+2+6 = 30$

거기까지는 알겠는데요, 식 ②의 73은 무엇을 구한 값이지요?

식 ② $2200 \div 30 = 73 \cdots 10$

그림 1을 보세요. 그러니까 이것도 2200의 안에 '주기'가 몇 개 들어 있는가를 구한 거예요.

그림 1

$$\underbrace{30+30+30+\cdots+30}_{73주기의\ 합}+\overset{나머지}{10}=2200$$

 그럼 식 ②로 얻은 값이 '73주기와 나머지 10개'라는 뜻인가요?

 아닙니다. 사실은 그 부분이 핵심이에요. 물론 '73주기'는 맞아요. 하지만 10은 '10개'가 아니라 '합이 10'이라는 뜻입니다.

 네?

 이해하기 힘들게 설명을 드렸나 보네요. 죄송합니다. 그러면 그림 2를 봐 주세요.

그림 2

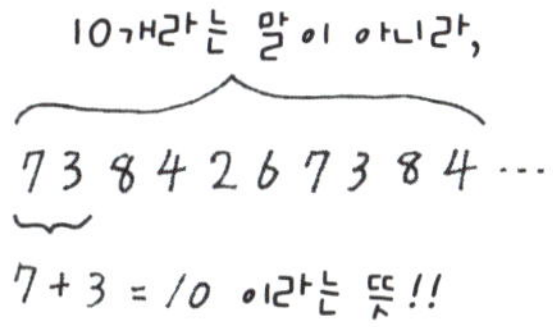

10개라는 말이 아니라,

7 3 8 4 2 6 7 3 8 4 …

7+3=10 이라는 뜻!!

 옳거니! 그러니까 '합이 10'이 되려면 숫자를 몇 개 더 지나가야 하느냐는 뜻이군요.

식 ③ 10 = 7 + 3

 바로 그거예요. 그러니까 식 ③과 같이 10은 '주기'의 두 번째, 즉 3까지의 '합'인 것이지요.

 '1주기의 개수'는 6개고 73주기가 있으니까 일단은 식 ④가 되고, 여기에 2개분을 더하면 되니까 식 ⑤에 따라서 □는 440이군요.

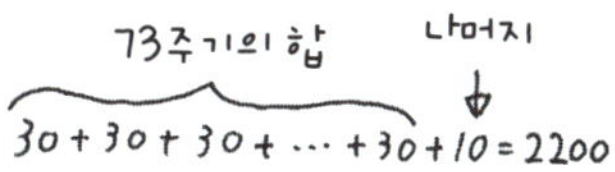

식 ④ 6 × 73 = 438

식 ⑤ 438 + 2 = 440

【해답】 440

이것을 테크닉으로 정리해 볼게요.

테크닉 4

'개수'는 '개수'로 나눈다.
➡ '나머지'는 '숫자의 개수'
'합'은 '합'으로 나눈다. ➡ '나머지'는 '합'

과거 입학시험 문제 ▶쓰쿠바 대학 부속 고마바 중학교(수정)

다음과 같은 규칙에 따라 일 단위의 숫자를 나열한다.

> 첫 번째와 두 번째 수를 정하고, 세 번째 이후는 그 앞의 두 수를 곱한 수로 한다.
> 단, 두 수를 곱해 두 자리 숫자가 될 때는 그중 일 단위의 숫자만 사용한다.

예를 들면 첫 번째를 1, 두 번째를 2로 하면 다음과 같이 숫자를 나열한다.

> 1, 2, 2, 4, 8, 2, ……

이때 다음 물음에 답하시오.

(1) 첫 번째 숫자를 1, 두 번째 숫자를 2로 놓는다. 이때 2006번째 숫자는 무엇일까?

(2) 첫 번째 숫자를 1, 두 번째 숫자는 일 단위의 숫자 중 하나를 놓는다. 100번째의 숫자가 6일 때 2006번째 숫자로 생각할 수 있는 숫자를 모두 답하시오.

문제 (1)의 조건대로 숫자를 적어 봅시다. 그림 ①을 봐 주세요.

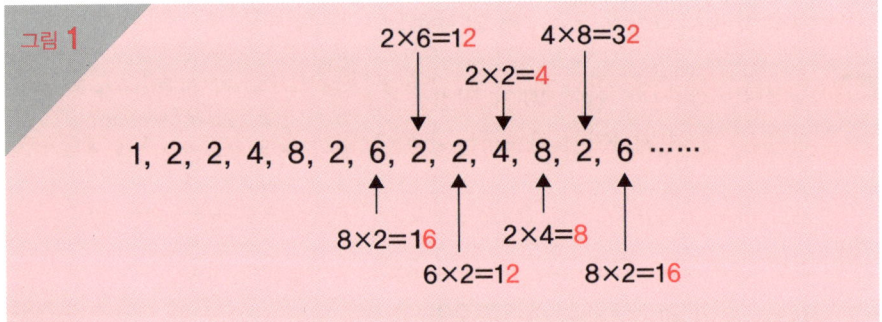

그림 1

$2 \times 6 = 12$ $4 \times 8 = 32$
$2 \times 2 = 4$

1, 2, 2, 4, 8, 2, 6, 2, 2, 4, 8, 2, 6 ……

$8 \times 2 = 16$ $2 \times 4 = 8$
$6 \times 2 = 12$ $8 \times 2 = 16$

'주기'를 발견하셨겠지요?

처음 1을 빼면 그다음부터는 224826이 반복되는군요. 이런 문제는 역시 스스로 찾아내야 해결할 수 있겠어요.

그러면 (1)을 풀어 보도록 하지요.

> 먼저 실제로 계산을 해서 살펴봅시다! 특히 상위권 중학교의 입학시험 문제는 이런 경향이 강합니다!

먼저 아까 말씀드린 대로 처음 1을 빼고 생각하는 편이 좋겠어요. 식①처럼 빼 놓고.

식 ① 2006 − 1 = 2005

 좋은 생각이에요.

 '1주기의 개수'는 6개니까 식②로 풀면 2005개 안에 '주기'가 334개 들어가고 하나가 남는군요.

식 ② 2005 ÷ 6 = 334 ⋯ 1

 그렇군요. 그러면 그다음은 제가…….

 어허, 제가 다 풀어 놨는데 답만 가로채 가시면 곤란합니다. 마지막까지 제가 풀어야지요, 하하.

 하하. 그렇군요. 죄송합니다.

 그림 2와 같이 되니까 답은 2네요.

그림 2

334주기
⋯ 2 2 4 8 2 6 | ② 2 4 8 ⋯
　　　　　　　1

 딩동댕~.♪ 정답입니다!

 (1)은 그렇게 어렵지 않았어요.

 네, 그래요. 문제만 보면 어려울 것 같지만 '주기 계산'으로 생각하면 아주 기본적인 문제지요. 그러니까 아무리 어려워 보여도 겁먹지 말고 당당하고 자신있게 풀려는 자세가 필요해요.

 어려워 봤자 초등학생 문제니까 적어도 우리 어른들이 겁을 먹어서는 안 되겠네요.

 정말 그러네요. 아버님 말씀이 맞아요.

아무리 그래도 (2)는 어려워 보이는데요. 하하.

 (2)는 어렵다기보다는 귀찮다는 표현이 더 어울리는 문제예요.

 귀찮다고요? 어떤 점이?

 이거야말로 '시행착오'가 필요한 문제거든요. 스스로 여러 숫자를 대입해 보는 것이 문제를 푸는 첫걸음입니다. 실험과 비슷하다고나 할까요?

 그렇다면 두 번째 숫자를 1로 하면 그림 3과 같이 되겠군요.

그림 3

두 번째 숫자가 1일 때

1, 1, 1, 1, 1, 1, 1, 1, 1, 1, 1, 1, ……

 어라! 너무 당연한 결과군. 이런 것을 해서 무슨 의미가 있나요? 허허.

 아니, 아주 의미 있는 작업이에요. 이것으로 두 번째 숫자가 1일 때는 100번째도 1이니까 6은 될 수 없다는 사실을 알았어요. 따라서 두 번째 숫자가 1일 때는 조건에 들어맞지 않지요.

 그러면 열심히 다른 숫자도 대입해 봐서 100번째가 6이 되는 숫자를 찾아내면 되겠군요.

 두 번째 숫자가 2일 때는 어떻게 될까요?

> 입학시험 문제를 잘 푸는 아이는 테크닉을 많이 알고 있습니다. 하지만 테크닉에 너무 의존하지 않아야 수학의 달인이 될 수 있어요!!

두 번째 숫자가 2일 때의 '주기'가 224826이라는 건 이미 알고 있으니까 확인해 보면 되겠군요. 식 ③을 보면 나머지가 3이니까 그림 4에 따라 100번째 숫자는 4가 되네요.

식 ③ (100 − 1) ÷ 6 = 16 ⋯ 3

그림 4

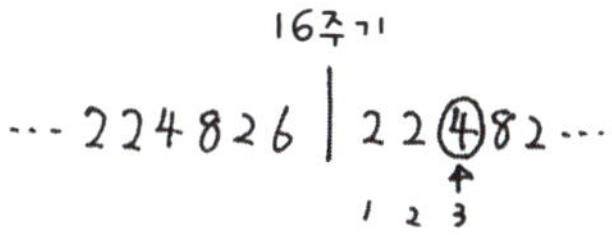

··· 224826 | 22④82 ···
  　　　　　　１ ２ ３
  16주기

 즉, 두 번째 숫자가 2일 때도 1일 때와 마찬가지로 100번째 숫자는 6이 아닙니다.

 허허, 정말 귀찮은 문제군요.

 하하, 조금만 더 참으세요. 두 번째 숫자에 1에서 9까지 대입한 결과를 정리해 볼게요.

그림 5

100번째

두 번째 숫자가 1일 때
1, 1, 1, 1, 1, 1, 1, 1, 1 ······ 1 ◀ ×

두 번째 숫자가 2일 때
1, 2, 2, 4, 8, 2, 6, 2, 2, 4, 8 ······ 4 ◀ ×

두 번째 숫자가 3일 때
1, 3, 3, 9, 7, 3, 1, 3, 3, 9, 7 ······ 9 ◀ ×

두 번째 숫자가 4일 때
1, 4, 4, 6, 4, 4, 6, 4, 4, 6, 4 ······ 6 ◀ ○

두 번째 숫자가 5일 때
1, 5, 5, 5, 5, 5, 5, 5, 5 ······ 5 ◀ ×

두 번째 숫자가 6일 때
1, 6, 6, 6, 6, 6, 6, 6, 6 ······ 6 ◀ ○

두 번째 숫자가 7일 때
1, 7, 7, 9, 3, 7, 1, 7, 7, 9, 3 ······ 9 ◀ ×

두 번째 숫자가 8일 때
1, 8, 8, 4, 2, 8, 6, 8, 8, 4, 2 ······ 4 ◀ ×

두 번째 숫자가 9일 때
1, 9, 9, 1, 9, 9, 1, 9, 9, 1 ······ 1 ◀ ×

그러니까 이건 두 번째 숫자가 4와 6일 때만 2006번째 숫자를 계산하면 된다는 말이군요.

 그러면 먼저 두 번째 숫자가 4일 때를 살펴보지요.

 이때는 '1주기의 개수'가 3개뿐이니까 식 ④이고, '주기'의 앞에서 첫 번째 숫자니까 답은 4가 되네요.

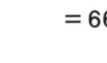
식 ④ (2006 − 1) ÷ 3
= 668 … 1

 그러면 다음은 두 번째 숫자가 6일 때인데, 이때는 첫 번째 숫자 이외에는 전부 6이니까 2006번째 숫자도 물론 6이지요. 따라서 (2)의 답은 4와 6이에요.

▶▶ 아이들이 자주 하는 말

 와, 이렇게 어려운 문제를 내가 풀었어! ♪

 후유, 겨우 끝났군요.

 꽤 귀찮은 문제였지요?

 입학시험 공부를 시작한 지 얼마 되지 않았더라도 힌트를 주고받으면서 풀게 하면 최상위권 학교의 과거 입학시험 문제도 풀 때가 있습니다. 아이들의 의욕을 높이는 데 아주 효과적인 방법입니다.

 이 문제는 분명히 하나하나 정성껏 풀어 나가면 간단하지만, 수험생들한테는 과연 제한 시간 안에 풀 수 있느냐가 문제 아닐까요?

 하지만 사실은 그림 5와 같이 9개 숫자를 대입하지 않아도 됐어요.

그거야 두 번째 숫자가 6일 때는 분명히 100번째 숫자도 6이니까 2006번째 숫자도 6이겠지요. 하지만 그렇다고 해도 나머지 8개 숫자는 대입해 봐야 할 텐데요?

말씀처럼 이미 확인이 된 숫자 6을 빼고, 남은 8개 숫자 중 3개만 더 대입해 보면 됩니다.

 에!? 어째서요?

 오른쪽 그림 6을 보면 금방 이해하실 거예요. 두 번째 숫자가 홀수면 100번째 숫자도 홀수가 되기 때문에 절대로 6이 나올 수 없지요.

 아, 그런가요? 그 말을 듣고 보니 당연하다는 생각이 들지만 전혀 알아채지 못했네요. 아니, 왜 빨리 가르쳐 주지 않았나요? 하하.

 하하. 죄송해요.

그림 6

(홀수)×(홀수)=(홀수)
두 번째 숫자가
　　1, 3, 5, 7, 9일 때
세 번째 숫자도 (홀수)
이 말은
　　네 번째 숫자도……
　　다섯 번째 숫자도……

【해답】
(1) 2　　(2) 4, 6

정리 평가 2 ▶ 주기 계산

같은 숫자의 유형이 반복되는 '주기 계산'에 대해 잘 이해하셨습니까? 여기에 사용되는 테크닉은 '1주기의 개수'와 '1주기의 합'에 주목한다는 것이므로 비교적 간단합니다. 그러므로 아이들도 쉽게 친숙해질 수 있는 분야라고 생각합니다. 그리고 고마바 중학교 같은 상위권의 과거 출제 문제를 풀면 자신감도 생길 것입니다.

CATCH THE POINT!

STEP **3**
학과 거북이 계산
(차를 이용한 문제 해결)

이 장에서는 중학교 입시 수학의 가장 기본이자 대표라고 할 수 있는 '학과 거북이 계산'을 다룬다. 먼저 '학과 거북이 계산'의 계산 방법을 익히자. 그러나 계산 방법을 외우는 것이 이 장의 목적은 아니다. 어떤 유형의 문제에 '학과 거북이 계산'을 써야 할지 꿰뚫어 볼 수 있도록 하자!

STEP 3
학과 거북이 계산
(차를 이용한 문제 해결)

 '학과 거북이 계산' 이라……. 도대체 무슨 말인지 이해가 잘 안 되는데요?

 확실히 다른 계산에 비해서 이름과 내용의 연관성이 적긴 하지만, 문제를 풀어보면 금방 이해하실 수 있을 거예요. 사실 이 장에서 다루는 문제들은 중학교에 들어가면 배울 '이원 일차 연립 방정식'으로도 풀 수 있지만, 초등학생들은 방정식을 모르니까요.

기본 중의 기본

이럴 때는 학과 거북이 계산!

A와 B, 두 가지 물건이 있고 각각의 가격이나 다리의 개수를 알고 있다면,

개수나 마릿수의 합계

물건 값이나 다리 수의 합계

한 개당 가격
▶ 개수와 물건 값의 합계

한 마리당 다리의 수
▶ 마릿수와 다리 수의 합계

예제 1

학은 다리가 2개고 거북은 다리가 4개이다.
학과 거북을 합쳐서 10마리가 있을 때 다리의 수는 모두 28개였다.
이때 학과 거북은 각각 몇 마리일까?

 이것이야말로 '학과 거북이 계산'의 기본이라고 할 수 있는 문제지요. 이해가 되시나요?

 이 정도 문제라면 간단하게 풀 수 있겠는데요.

 네. 느낌으로도 맞힐 수 있을 거예요. 하지만 여기에서는 제대로 풀어 보는 것이 좋을 것 같네요. 아래의 그림 1을 봐 주세요.

 문제를 보자마자 "~계산법이네!"라고 대답할 수 있게 된다면 커다란 발전입니다.

그림 1

거북(마리)	0	1	2	3	4	5	6	7	8	9	10
학(마리)	10	9	8	7	6	5	4	3	2	1	0
다리의 개수	20개	22개	24개	26개	28개	30개	32개	34개	36개	38개	40개

그러니까 그림 1을 보면 학이 6마리고 거북이 4마리라는 것을 알 수 있지요.

 하지만 일일이 저렇게 쓰려고 하면 힘들 텐데요.

 그러면 다음 문제에서 '학과 거북이 계산'의 진짜 풀이법을 보여 드릴게요.

【해답】
학 : 6마리　거북 : 4마리

예제 2

상품 A의 가격은 하나에 35원, 상품 B의 가격은 하나에 55원이다. 두 가지 상품을 합쳐서 30개를 샀더니 합계 금액이 1290원이었다. 상품 A와 B를 각각 몇 개 샀을까?

 예제 1에서는 합계가 10마리였지만 이번에는 30개예요.

 역시 표로 만들 수는 없겠군요.

 그러면 테크닉을 소개하겠습니다.

테크닉 1

상품 A만을 샀을 때,

"차(差)" ÷ '차(差)' = 상품 B의 개수

"차(差)"=(상품 A만을 샀을 때의 금액)과 (합계 금액)의 차이

상품 B만을 샀을 때,

"차(差)" ÷ '차(差)' = 상품 A의 개수

"차(差)"=(상품 B만을 샀을 때의 금액)과 (합계 금액)의 차이

※ '차(差)'는 (상품 A의 가격)과 (상품 B의 가격)의 차이

먼저 테크닉 1과 똑같은 방법으로 풀어 볼게요. 식 ①에서 (상품 A만을 샀을 때의 금액)을 알 수 있어요.

식 ① 35원 × 30개
= 1050원

 그리고 식 ②로 "차", 그러니까 (상품 A만을 샀을 때의 금액)과 (합계 금액)의 "차"를 구할 수 있군요.

식 ② 1290원 − 1050원
= 240원

 식 ③은 상품 A와 상품 B의 가격의 '차'를 구한 거예요.

식 ③ 55원 − 35원
= 20원

 음, 그러면 이제 "차"를 '차'로 나누기만 하면 되니까, 식 ④처럼 하면 되는군요. 그런데 이게 뭐의 개수였다고 했지요?

식 ④ 240원 ÷ 20원
= 12개 (B)

 처음에 상품 A만 30개를 샀잖아요? 그러니까 식 ④는 사지 않은 상품 B의 개수를 구하는 식이에요.

 그러면 남은 건 상품 A의 개수니까 식 ⑤로 구하면 18개가 되겠군요.

식 ⑤ 30개 − 12개
= 18개 (A)

그림 1

상품 A(개)	30	29	28	27	…	18
상품 B(개)	0	1	2	3	…	12
합계 금액	1050원	1070원	1090원	1110원	…	1290원
1290원과의 "차"	240원	220원	200원	180원	…	0원

그림 1을 보면 알 수 있듯이, (상품 A만을 샀을 때의 금액)과 합계 금액의 "차"는 오른쪽으로 갈수록 20원씩, 그러니까 A와 B의 가격의 '차' 만큼 줄어들어요.

호오, 정말이네. 그러니까 테크닉 1을 쓰면 그림 1과 같은 결과를 간단하고 빠르게 얻을 수 있다는 말이군요.

【해답】
A : 18 개   B : 12 개

> **예제 3**
> A군은 오징어를 몇 마리 키우고 있고, B군은 문어를 11마리 키우고 있다. 또 C군은 무당벌레를 몇 마리 키우고 있다.
> 세 사람이 키우는 생물은 모두 합쳐 30마리다.
> 이들의 다리를 모두 합쳤더니 230개라면 A군은 몇 마리의 오징어를 키우고 있는 것일까?
> 단, 오징어의 다리는 10개, 문어의 다리는 8개, 무당벌레의 다리는 6개다.

예제 3은 푸실 수 있겠어요?

무당벌레를 키운다는 소리는 들어 봤지만, 오징어와 문어를 키운다는 소리는 들어 본 적이 없는데요. 하하.

다리의 개수를 각각 다르게 하고 싶어서 오징어 군과 문어 군한테 특별 출연을 부탁했지요. 하하.

예제 1과 2에서는 두 가지의 합계를 다뤘는데 이번에는 세 가지나 되는군요. 이걸 어떻게 해야 하나……

문어가 11마리라는 것은 이미 알고 있잖아요. 그러니까 식 ①로 문어 다리의 합계를 알 수 있어요.

식 ①   8 개 × 11 마리 = 88 개

아, 맞아요, 맞아. 그러니까 식 ②로 오징어하고 무당벌레의 다리 합계를 알 수 있군요.

식 ② 230개 − 88개
= 142개

 그러면 그림 1을 봐 주세요. 이런 식으로 정리하면 아이들도 훨씬 쉽게 생각할 수 있지 않을까요?

그림 1

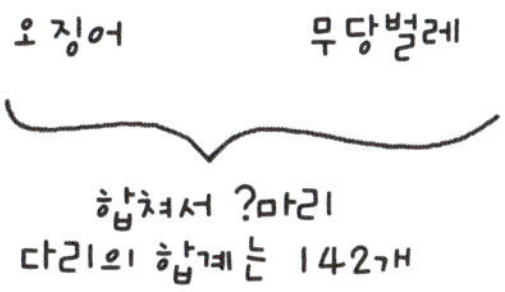

오징어   무당벌레
합쳐서 ?마리
다리의 합계는 142개

 '여행자 계산'에서도 그랬지만, 알고 있는 사실을 머릿속에만 두지 말고 하나하나 그림으로 그려 보는 버릇을 들이는 것이 중요하겠네요.

 바로 그거예요. 그러면 지금부터 테크닉 1에 따라 문제를 풀어 보도록 하지요.

 뭐, 이제는 예제 2의 그림 1처럼 표를 그릴 필요 없이 먼저 식 ③으로 오징어와 무당벌레의 마릿수의 합계를 알 수 있어요.

식 ③ 30마리 − 11마리
= 19마리

 그러면 먼저 19마리가 모두 오징어라고 가정하고 생각해 볼까요?

 그러면 식 ④군요. 그리고 식 ⑤로 "차"를 구할 수 있고.

식 ④ 10개 × 19마리 = 190개
식 ⑤ 190개 − 142개 = 48개

 식 ⑤는 예제 2에서 풀었던 (상품 A만 샀을 때의 금액)과 (합계 금액)의 "차"를 구하는 식과 같고요.

 그다음에는 식 ⑥으로 오징어와 무당벌레의 다리 수의 '차'를 구해서 식 ⑦과 같이 "차"를 '차'로 나누면 됩니다.

식 ⑥ 10개 − 6개 = 4개
식 ⑦ 48개 ÷ 4개 = 12마리

 이렇게 해서 무당벌레가 몇 마리인지 알았습니다.

그리고 식 ⑧로 오징어가 몇 마리인지도 알았으니, 이것으로 문제 끝!

식 ⑧ 19 마리 – 12 마리
　　　　= 7 마리

 할 수 있는 것부터 차근차근 해 나가니까 금방 풀 수 있네요.

 하지만 이 문제에서는 오징어의 마릿수만 알면 되는 거 아닌가요? 무당벌레의 마릿수는 물어보지 않았잖아요. 그렇다면 식 ④의 단계에서 19마리를 전부 무당벌레라고 생각하는 편이 좋지 않았을까요?

 그러네요. 그렇게 하면 식 ⑧은 필요가 없지요.

 결국 오징어가 몇 마리인지 구하고 싶으면 무당벌레부터, 무당벌레가 몇 마리인지 구하고 싶으면 오징어부터 시작하면 되는군요. 큰 차이는 아니지만 계산을 적게 할 수 있으니 이것도 테크닉의 하나로 삼아도 되지 않을까요?

【해답】 7마리

테크닉 2 　'구하지 않아도 되는 것' 부터 시작한다

 계산을 조금이라도 적게 하는 것은 중요한 습관이에요. 그러면 다음에는 조금 변형된 형태의 '학과 거북이 계산'을 소개해 드리지요.

| 예제 4 | 철이의 집에서 학교까지의 거리는 2.88킬로미터다.
자전거를 타고 가면 평소에 16분이 걸린다.
그런데 어느 날 자전거를 타고 학교에 가다가 자전거가 고장 나 남은 거리는 걸어서 갔다.
이날은 평소 때보다 2분 더 걸렸다.
철이가 걸을 때의 속도를 분속 60미터라고 하면
자전거가 고장 난 지점은 집에서 몇 미터 떨어진 곳일까? |

 응? 이거 '여행자 계산' 아닌가요?

 그 점은 잠시 접어 두고요, 우선 생각을 해 보도록 하지요!

 먼저 (거리)와 (시간)을 알고 있으니까 자전거의 속도는 식 ①로 간단히 구할 수 있어요.

식 ① 2880 m ÷ 16 분
　　 ＝ 분속 180 m

 그 밖에도 알고 있는 것이 또 있지요.

 그렇군요. 식 ②로 이날 집에서 학교까지 걸린 시간도 알 수 있네요.

식 ② 16 분 + 2 분 = 18 분

 이제 조금만 더 생각하면 풀 수 있어요. 이제부터는 어떻게 해야 할까요?

 어디 보자, 걷는 속도가 분속 60미터이고 자전거를 탔을 때는 분속 180미터라. 그리고……. 어라? 여기부터는 어떻게 풀어야 하지? 자전거를 탄 (시간)과 걸어간 (시간)이 각각 몇 분인지 알 수 없으니…….

 사실은 여기에 '학과 거북이 계산'이 숨어 있어요.

| 중학교 입시 수학의 맥 | **숨어 있는 '계산법'을 찾아내자** |

'학과 거북이 계산' 문제는 언뜻 다른 분야의 문제처럼 보이게 해 놓는 경우가 많다. 어떤 계산법을 이용해야 할 지 모르는 상황에서 필요한 계산법을 찾아낼 수 있느냐가 중요하다.

 아하, 그렇군요. 그러면 자전거를 18분 동안 탔다고 가정하면…….

 우리가 알고 싶은 것은 자전거를 탔던 시간이니까 18분 동안 걸었다고 가정하고 시작하는 편이 낫겠지요?

 그러는 쪽이 더 편하게 계산할 수 있겠네요. 그러면 식 ③이 되니까 식 ④로 "차"를 구할 수 있어요.

식 ③ 60 m × 18 분
   = 1080 m

식 ④ 2880 m − 1080 m
   = 1800 m

 식 ⑤로 (속도)의 '차'를 알 수 있으니 그 다음에는 "차"를 '차'로 나누면 되지요.

식 ⑤ 180 m − 60 m
   = 120 m

 식 ⑥에서 자전거를 탄 시간을 알 수 있으니까, 식 ⑦로 풀면 답이 나오는군요. 자전거는 집에서 2700미터 떨어진 곳에서 고장이 났어요.

식 ⑥ 1800 m ÷ 120 m
   = 15 분

식 ⑦ 180 m × 15 분
   = 2700 m

 확인차 말씀드리는 건데, 이 문제는 그림 1과 같은 관계로 되어 있기 때문에 '학과 거북이 계산'을 활용할 수 있었던 거예요.

그림 1

걷기   자전거
합쳐서 18분
거리의 합계 2880m
각각 몇 분?

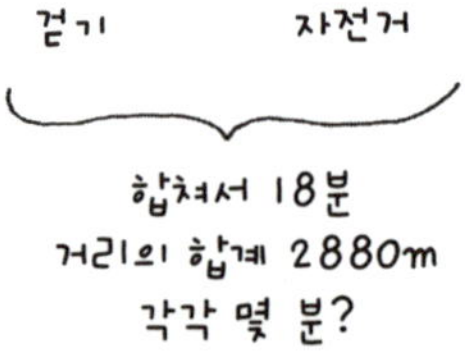

【해답】 2700m

예제 5

46명이 있는 반에서 수학 시험을 치렀는데, 평균은 7점이며 득점 분포가 다음 표와 같았다.

득점	0점	4점	5점	6점	9점	A	11점	15점	계
인원수	5명	B	4명	9명	C	3명	8명	2명	46명

시험은 세 문제였으며, 각 문제의 배점은 1번이 4점, 2번이 5점, 3번이 6점이었다. 이때 다음 물음에 답하시오.

(1) A에 해당하는 득점을 구하시오.
(2) B, C에 해당하는 인원수를 각각 구하시오.

 먼저 (1)부터 생각해 보도록 할까요? 이 문제는 '학과 거북이 계산'은 아니지요.

 0점은 한 문제도 맞히지 못했다는 것이고 15점은 식 ①에 따라서 전부 맞혔다는 뜻이니까 그림 1처럼 되겠군요.

식 ① 4점 + 5점 + 6점 = 15점

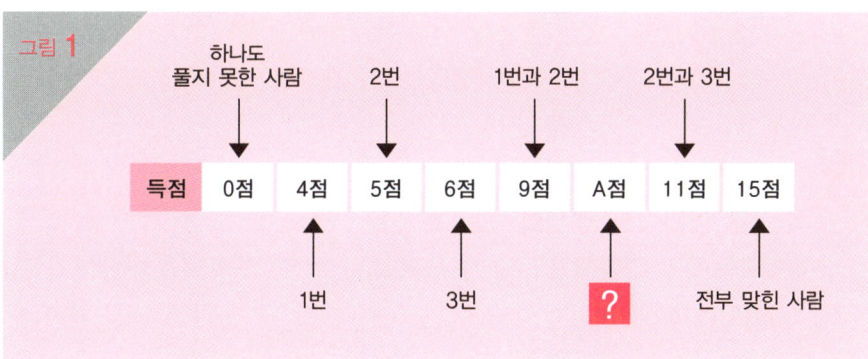

그림 1

즉 A는 1번과 3번을 맞힌 사람이니까 식 ②에 따라 10점이 답이네요.

식 ② 4점 + 6점 = 10점 (A)

(2)는 '학과 거북이 계산'을 사용하는 문제인데, 어떻게 해야 할지 아시겠어요?

'학과 거북이 계산'인지는 잘 모르겠지만, 일단 평균이 7점이고 인원이 46명이니까 식 ③에 따라 학급 전체의 점수 합계는 구할 수 있어요.

식 ③ 7점 × 46명 = 322점

그러면 다시 한 번 알기 쉽게 표로 정리해 보지요. 그림 2를 봐 주세요.

그림 2

득점	0	4	5	6	9	10	11	15	계
인원수	5명	B	4명	9명	C	3명	8명	2명	46명
득점 합계	0점	D	20점	54점	E	30점	88점	30점	322점

일단은 B와 C의 합계는 알 수 있겠네요. 식 ④에 따라 15명입니다. 그리고 같은 방법으로 D와 E의 합계도 알 수 있어요. 그 답이 식 ⑤입니다.

식 ④
46 − (5 + 4 + 9 + 3 + 8 + 2)
= 15명

4점을 맞은 사람과 9점을 맞은 사람을 합쳐서 15명이고 점수의 합계는 100점이군요. 이제 '학과 거북이 계산'을 쓸 수 있겠어요.

식 ⑤
322 − (0 + 20 + 54 + 30 + 88 + 30) = 100점

15명이 모두 4점을 맞았다고 생각하면 식 ⑥이 되지요.

식 ⑥ 4점 × 15명 = 60점

이제 지금까지 하던 대로 식 ⑦~식 ⑩처럼 풀면 끝이군요.

식 ⑦ 100점 − 60점 = 40점
식 ⑧ 9점 − 4점 = 5점
식 ⑨ 40점 ÷ 5점 = 8명 (C)
식 ⑩ 15명 − 8명 = 7명 (B)

【해답】
(1) A : 10점
(2) B : 7명 C : 8명

과거 입학시험 문제 ▶살레지오 학원

지우개 1284개를 12개들이 상자와 8개들이 상자, 5개들이 상자에 빈틈없이 담아 나눴더니 모두 150상자가 되었다. 12개들이 상자가 5개들이 상자의 $\frac{4}{3}$배일 때, 12개들이 상자와 8개들이 상자, 5개들이 상자는 각

 먼저 테크닉 3을 봐 주세요.

테크닉 3

3개짜리는 2개짜리로 고친다!

 즉, 3개는 계산하기 귀찮으니까 2개로 만들자는 말이지요.

 이 문제의 경우는 12개들이 상자와 5개들이 상자의 관계를 알고 있으니까 이 두 가지 상자를 어떻게든 하나로 만들면 되는 건가요?

그렇지요. 12개들이 상자는 5개들이 상자의 $\frac{4}{3}$배니까 식 ①에 따라 상자 수의 비를 알 수 있어요.

식 ① (12개들이) : (5개들이)
　　　$= \frac{4}{3} : 1 = 4 : 3$

 이제 어떻게 해야 좋을까요?

 그림 1을 봐 주세요.

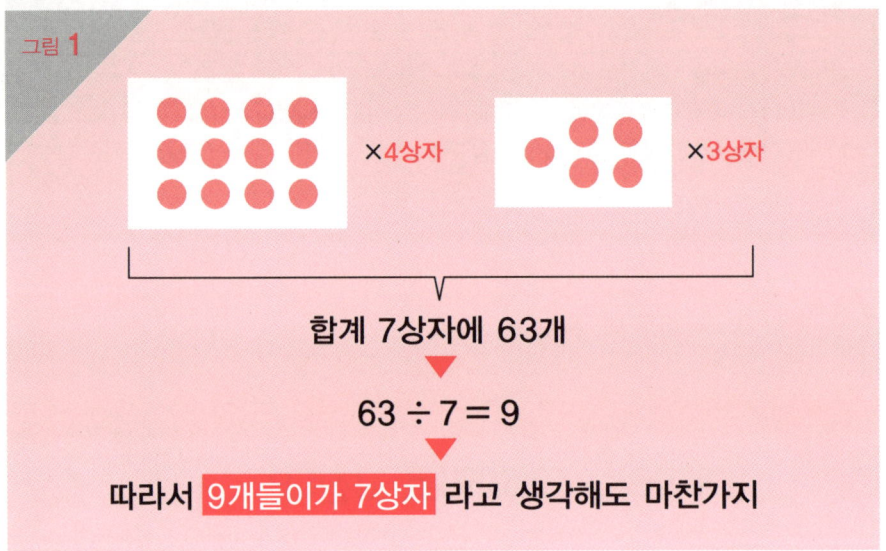

그림 1

×4상자　×3상자

합계 7상자에 63개

$63 \div 7 = 9$

따라서 9개들이가 7상자 라고 생각해도 마찬가지

 이에 따라 문제를 바꿀 수 있어요. '지우개 1284개를 9개들이 상자와 8개들이 상자에 빈틈없이 담아 나눴더니 모두 150상자가 되었다.' 라고요.

 오! 평범한 '학과 거북이 계산' 문제가 되었군요!

이제는 늘 하던 대로 식 ②~식 ⑤와 같이 풀면 먼저 8개들이 상자의 개수를 알 수 있어요.

 9개들이 상자는 84개인데, 이걸 원래로 되돌려야겠지요?

 그래야겠지요. 12개들이 상자와 5개들이 상자의 비는 4 : 3이니까 식 ⑦과 같이 비례 배분하면 돼요. 그러면 식 ⑧로 끝이지요.

식 ② 9개 × 150 상자 = 1350개

식 ③ 1350개 − 1284개 = 66개

식 ④ 9개 − 8개 = 1개

식 ⑤ 66개 ÷ 1개 = 66 상자 (8개들이)

식 ⑥ 150 상자 − 66 상자 = 84 상자

식 ⑦ 84 상자 × $\dfrac{4}{4+3}$ = 48 상자 (12개들이)

식 ⑧ 84 상자 − 48 상자 = 36 상자 (5개들이)

【해답】
12 개들이 : 48 상자
8 개들이 : 66 상자
5 개들이 : 36 상자

정리 평가 3 ▶ 학과 거북이 계산

'학과 거북이 계산'은 다른 분야에서도 이따금 등장하므로 꼭 아이들이 익숙해질 수 있도록 하시기 바랍니다.

MEMO

LET'S START!!

STEP 4
소금물
(농도를 이용한 계산)

이 장에서는 구하려고 하는 값을 '소금물'과 '소금', '농도', 이 세 가지를 축으로 하여 '여행자 계산'과 같은 요령으로 구한다. '소금물'의 핵심은 '변하는 것'과 '변하지 않는 것'을 항상 의식하며 문제를 푸는 것이다. 소금물의 '증발'과 '접시저울 그림'에 대해서도 공부해 보자! 바로 전에 공부한 '학과 거북이 계산'도 나온다!

STEP 4
소금물
(농도를 이용한 계산)

 이 장에서는 '소금물'을 살펴볼 거예요.

 '소금물'은 어떤 문제인가요?

 예제를 통해서 자세히 설명해 드리겠지만, '소금물'에서는 (소금물) 전체의 양과 소금물의 (농도), 소금물에 들어 있는 (소금)의 양을 구하는 것이 기본 중의 기본입니다.

기본 중의 기본

(소금물) · (농도) · (소금)

※ (소금물) = (소금) + (물)
(소금) = (소금물) × (농도)
(농도) = (소금) ÷ (소금물)
(소금물) = (소금) ÷ (농도)

▶ 외우는 법

▶ 사용법

구하려는 대상을 손가락으로 가리고 나머지를 계산한다.

> **예제 1**
>
> 농도 10퍼센트인 소금물 A가 200그램, 농도 5퍼센트인 소금물 B가 300그램이 있다. 두 가지 소금물을 섞어 소금물 C를 만들었다. 이때 다음 물음에 답하시오.
>
> (1) 소금물 A에 들어 있는 소금의 양은 몇 그램인가?
> (2) 소금물 B에 들어간 물의 양은 몇 그램인가?
> (3) 소금물 C의 농도는 몇 퍼센트인가?

 이것이 '소금물' 문제의 첫 번째 예제입니다. '소금물' 문제는 대개 그림 1과 같은 식이에요.

그림 1

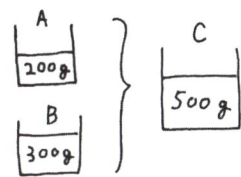

 그런데 갑자기 소금물이 세 가지나 나오니 좀 복잡해 보이는걸요.

 그러면 먼저 (1)을 생각해 보지요. 식 ①을 봐 주세요.

식 ① 200 g × 0.1 = 20 g (1)

 이건 간단하군요. 기본 중의 기본에 나온 대로 풀기만 하면 되네요.

 (소금) = (소금물) × (농도)이지요.

 그러면 식 ②도 역시 같은 방식으로 풀면 되겠군요.

식 ② 300 g × 0.05 = 15 g

 그렇지요. 하지만 (2)는 물의 양을 구하라고 되어 있지요. 소금의 양은 답이 아니에요. 다시 한 번 기본 중의 기본을 떠올려 보세요.

 아, 그렇구나. 여기에서 (소금물) = (소금) + (물)이라는 식을 사용하는 거군요. 이걸 살짝 바꾸면 (물) = (소금물) − (소금)이니까 식 ③이 되고요.

식 ③ 300 g − 15 g
　　　= 285 g (2)

아이들은 식 ③과 같이 바꾸는 걸 잘 못해요. 그러니 이것을 할 수 있느냐 없느냐로 '소금물' 문제의 이해도를 측정할 수 있어요.

 다음은 **식 ④**인데, 소금물 A와 소금물 B 안에 들어 있는 (소금)을 더한 값이군요. 그런데 왜 이걸 구하지요?

식 ④ 20 g + 15 g = 35 g

 소금물 C는 소금물 A와 B를 섞은 것이잖아요. 그러니까 **그림 2**로 C에 들어 있는 (소금)의 양을 구하는 거예요.

그림 2

(A의 소금)
   +   → (C의 소금)
(B의 소금)

 듣고 보니 당연한 것이었네…….

 그러면 이제 **식 ⑤**도 이해하시겠지요?

식 ⑤ 200 g + 300 g
    = 500 g

 그러니까 이건 소금물 C 전체의 양을 구한 것이군요?

 네, 그래요. (소금물)과 (소금)의 양을 각각 알면 나머지는 문제없지요.

대부분의 문제에서는 앞의 소문제가 힌트가 되지요. 소문제 (1)이나 (2)를 최대한 활용합시다!

 (소금) ÷ (소금물) = (농도)니까 **식 ⑥**이군요.

식 ⑥ 35 g ÷ 500 g
    = 0.07 = 7 % (3)

 이런 식으로 순서대로 풀면 어렵지 않아요. (1)과 (2)를 풀지 않고도 (3)을 풀 수 있도록 하는 것이 이상적이지요.

【해답】
(1) 20g   (2) 285g   (3) 7%

예제 2 농도 7.5퍼센트인 소금물 800그램을 끓여서 200그램을 증발시켰다. 이때 소금물의 농도는 몇 퍼센트가 되었을까?

 예제 2에는 '증발'이라는 단어가 나왔네요. 수학이 아니라 과학 문제 같은데요. 하하.

 확실히 조금 특이한 문제지요. 하지만 '증발'은 수학에도 자주 나와요.

 오, 그래요? 뭐 어쨌든, 식 ①은 이제 식은 죽 먹기지요. ♪

식 ① 800 g × 0.075
       = 60 g

 잘하시네요. ♪ (소금물)에 들어 있는 (소금)을 구하셨네요. 기본 중의 기본을 이해하고 있다면 문제는 아주 쉽지요.

 하지만 이제부터가 문제예요. 예제 1에서도 (물)이 나왔는데, 솔직히 말씀드리면 아직 (물)하고 친하지 못해서 말입니다. 이제부터 어떻게 해야 좋을까요?

 그러면 먼저 증발에 대한 테크닉을 소개할게요.

테크닉 1 (소금물) − (증발한 물) ➡ (새로운 소금물)

 그러니까 식 ②로 증발한 뒤의 소금물의 양을 구할 수 있다는 뜻이군요.

식 ② 800 g − 200 g
       = 600 g

어떤 소금물이든 (소금물)과 (소금)의 양을 알면 (농도)를 알 수 있어요.

 아하! 그렇군요. (소금)의 양은 변하지 않으니까 이제 문제를 풀 준비가 다 갖춰졌네요.

중학교 입시 수학의 맥 — 변하는 것, 변하지 않는 것

중학교 입학시험에서 출제되는 문제에는 몇 가지 정보가 담겨 있다. 여러 가지 정보가 있는데, 특히 수치가 '변하는 것'과 '변하지 않는 것'을 명확히 파악하는 것이 문제를 푸는 열쇠다.

 네. 그러니까 그다음에는 식 ③으로 답을 구하면 끝이지요.

식 ③ 60 g ÷ 600 g = 0.1
= 10 %

【해답】 10 %

예제 3
농도 12퍼센트인 소금물이 400그램 있는데, 이 가운데 몇 그램을 엎질렀다. 엎지른 만큼 물을 넣자 농도가 9퍼센트가 되었다.
엎지른 물의 양은 몇 그램일까?

 이것도 자주 나오는 문제예요. 입학 시험 문제에서는 소금물을 종종 엎지르지요. 하하.

 하하. 거참 조심 좀 하시지.

 그러면 식 ①부터 살펴볼까요?

식 ① 400 g × 0.12 = 48 g

 이제 이 식만 나오면 손이 멋대로 움직인다니까요. ♪

 네. 어떤 분야든 마찬가지지만, 몇 번이고 반복해서 문제를 풀다 보면 반사적으로 '해야 할 일'을 알 수 있습니다.

식 ②도 간단하군요.

 그렇지요? 하지만 아이들은 식 ②를 생각하지 못해요.

 엎지른 (소금물)과 같은 양의 (물)을 넣었으니까 400그램에서 변하지 않는다는 건 당연한 것 아닌가요?

 분명히 그 말씀이 맞지만, 문제에 '400그램으로 되돌렸다.'라는 직접적인 표현이 없기 때문에 아이들한테는 어려울 수 있어요.

 주의해야 할 점이니까 테크닉으로 정리해 놓을게요.

식 ② 400 g × 0.09
       = 36 g

수학도 국어처럼 문장 이해 능력이 필요합니다! 당연한 말인데도 숫자가 섞이면 혼란을 일으키곤 하는데 모쪼록 주의합시다!

테크닉 2
엎지른 소금물의 양만큼 물을 채워 넣으면 소금물의 양은 바뀌지 않고 농도만 연해진다.

 식 ③은……. 왜 이 계산을 하는 거지? 엎지르기 전과 후의 (소금) 양의 차이라는 건 알겠는데…….

그러니까 식 ③으로 구한 12그램은 엎지른 (소금물)에 들어 있던 (소금)의 양이에요.

식 ③ 48 g − 36 g = 12 g

아, 그렇군요. 엎지른 (소금물)의 정보를 모으려는 것이네요.

 이제 무슨 정보가 더 필요할까요?

 엎지른 (소금물)의 (소금)의 양을 알았지만 이것만으로는 (소금물)의 양을 구할 수 없으니까……. (농도)가 필요하겠군요.

 엎지른 (소금물)이라는 건 결국 처음 (소금물)이라는 뜻이겠지요? 따라서 (농도)는 12퍼센트예요. 그러니까 식 ④가 되지요.

식 ④　12 g ÷ 0.12 = 100 g

 아이들이 9퍼센트라고 생각할 것 같아서 걱정되는데요.

 그 점도 분명히 가르쳐 주세요.

【해답】　100g

예제 4　농도 2퍼센트인 소금물 A와 농도 7퍼센트인 소금물 B를 섞어서 농도 5퍼센트인 소금물 200그램을 만들려고 한다. 이때 소금물 A와 소금물 B를 각각 몇 그램씩 섞어야 할까?

 문제가 이 정도 수준이 되면 '풀 수 있는 아이'와 '풀지 못하는 아이'로 명확하게 나뉘어요.

 확실히 어려워 보이는걸……. 할 수 있는 일이라고는 식 ①로 소금물 C에 들어 있는 (소금)의 양을 구하는 것뿐이야.

식 ①　200 g × 0.05 = 10 g

아버님, 앞 장에서 공부한 '학과 거북이 계산'을 기억하고 계신가요?

 그러고 보니 좀 전에 그걸 공부했군요. 분명히 **그림 1**과 같은 식으로 쉽게 구할 수 있었는데, 그렇죠?

그림 1

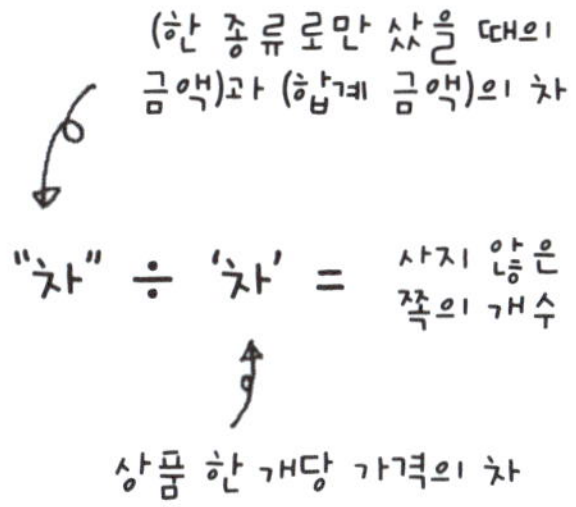

(한 종류로만 샀을 때의 금액)과 (합계 금액)의 차

"차" ÷ "차" = 사지 않은 쪽의 개수

상품 한 개당 가격의 차

 네, 맞아요. 이것을 '소금물' 문제에서도 활용할 수 있어요.

 오호. 그런데 어떻게 활용해야 하나요?

 A : 1그램 속에 (소금)이 0.02그램 들어 있지요. B : 1그램 속에 (소금)이 0.07그램 들어 있어요. A와 B를 합쳐서 200그램이 되도록 섞으면 그 속에 들어 있는 (소금)의 합계는 10그램이에요.

 그건 알겠는데, 언제 '학과 거북이 계산'을 쓸 수 있지요?

 그러면 알기 쉽게 '학과 거북이 계산' 형태로 바꾸어 볼게요. '상품 A 한 개의 가격은 0.02원, 상품 B 한 개의 가격은 0.07원이다. 상품 A와 B를 합쳐 200개를 샀을 때 합계 금액이 10원이라면 A와 B를 각각 몇 개씩 샀을까?' 자, 어때요?

 조금 이해가 되는군요. 그러니까 **식 ②**는 A를 200개 샀을 때의 금액이 4원이라는 말과 같은 거군요.

식 ② $0.02 \times 200 = 4$

 그리고 **식 ③**으로 합계 금액인 10원에서 4원을 뺀 '금액의 차'를 구할 수 있어요.

식 ③ $10 - 4 = 6$

식 ④는 상품 가격의 차라는 말이군요.　　식 ④ 0.07 − 0.02 = 0.05

 이제 남은 건 "차"를 '차'로 나누는 것이니까 식 ⑤지요. 처음에 상품 A를 샀으니까 나온 값은 상품 B의 개수예요.

식 ⑤ 6 g ÷ 0.05 = 120 g (B)

 전부 합쳐 200개니까, 200에서 120을 빼면 A는 80개가 되네요. 후유, 피곤하다.

식 ⑥ 200 g − 120 g
　　　= 80 g (A)

 하하, 죄송해요. 하지만 '학과 거북이 계산'이 이런 곳에서도 쓰인다는 것을 말씀드리고 싶었어요.

 좀 더 간단하게 푸는 방법은 없나요?

테크닉 3

'접시저울'은 양쪽의 무게×지렛목에서 떨어진 거리가 같으면 균형을 이룬다.

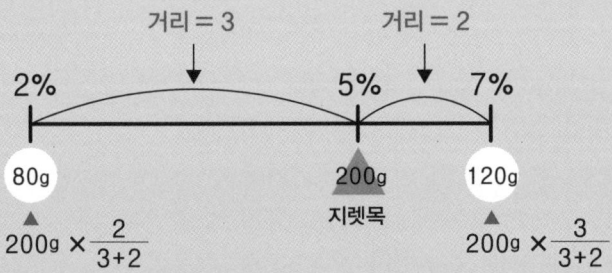

step 1 ▶ 지렛목에 완성된 소금물의 정보를 적는다.

step 2 ▶ 양 끝에 농도를 적는다.

step 3 ▶ 거리를 적는다.

step 4 ▶ 균형을 이루도록 지렛목에 적은 (무게)를 나눈다!!

사실은 이 '접시저울 그림' 이라는 테크닉을 쓰면 단번에 해결할 수 있어요.

 '학과 거북이 계산' 으로 할 것이 아니라 곧장 이걸 가르쳐 줬으면 좋았을 걸 그랬네요.

 정말 죄송합니다. 하지만 '접시저울 그림' 은 제대로 이용하기가 어려워요. 유명한 테크닉이기는 하지만 완벽하게 쓸 줄 아는 아이가 의외로 적답니다.

 알아 두면 손해 볼 일은 없지만 '접시저울 그림'만으로 '소금물' 문제를 푸는 건 위험하다는 뜻인가요?

 네, 바로 그거예요. 되도록이면 '본질' 부터 배우는 것이 중요하지요.

【해답】
A : 80g   B : 120g

과거 입학시험 문제 ▶가이치 중학교

비커 A에는 농도 6퍼센트의 소금물이 500그램, 비커 B에는 농도 2퍼센트의 소금물이 300그램 들어 있다. A와 B에서 동시에 같은 양의 소금물을 떠낸 다음, A에서 떠낸 소금물을 B에, B에서 떠낸 소금물을 A에 넣고 잘 저었더니 농도가 같아졌다. 이때 다음 물음에 답하시오.

(1) 섞은 뒤의 농도는 몇 퍼센트인가?
(2) 각 비커에서 떠낸 소금물의 양은 몇 그램인가?

 이거 왠지 어려워 보이는걸…….

 입학시험 문제라고 해서 겁부터 먹을 필요는 없어요. 할 수 있는 것부터 해 나가면 됩니다.

먼저 식 ① 로 처음에 비커 A에 들어 있던 (소금)의 양을 구하고, 식 ② 로 처음에 비커 B에 들어 있던 (소금)의 양을 구하면······. 이건 앞에서도 했던 작업이군요.

식 ① $500\,g \times 0.06 = 30\,g$
식 ② $300\,g \times 0.02 = 6\,g$

 그다음은 식 ③ 인데, 이건 (소금)의 양의 합계를 구하는 거예요.

식 ③ $30\,g + 6\,g = 36\,g$

 아니, 그건 알겠는데요. 이걸 생각해 낼 수 있을지······.

 그러면 이것도 테크닉으로 정리해 두지요.

테크닉 4 '변하지 않는 것'에 주목한다.

 즉, 어떤 조작을 하기 전과 한 뒤에 '바뀌지 않은 것'을 구해 놓으면 손해 볼 일은 없다는 뜻이에요.

 그 말씀을 듣고 보니, A에서 B, B에서 A로 소금물을 옮기는 작업을 했지만 (소금)의 전체 양은 36그램 그대로군요.

 사실은 그 밖에도 '변하지 않은 것'이 있는데, 혹시 눈치 채셨나요? 오른쪽 그림 1을 봐 주세요.

그림 1

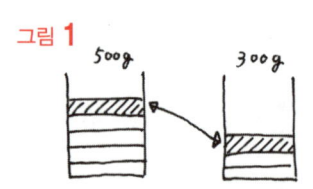

두 비커의 물을 옮겨 넣은 뒤에도 각 비커에 들어 있는 소금물의 양은 변하지 않는다!!

 아, 알겠어요. 비커 A나 비커 B나 조작을 하기 전후에 들어 있는 (소금물)의 양은 차이가 없군요!

다음에 주목해야 할 것은 조작 뒤에 각 비커에 들어 있는 (소금)의 양이에요.

 식 ④는 각 비커에 들어 있는 (소금물)의 양을 비(比)로 나타낸 것이군요.

식 ④ 500 g : 300 g = 5 : 3

 이것이 핵심인데, 다음에는 36그램을 5 : 3의 비로 비커 A와 B에 나눠서 놓으려고 비를 구한 거예요. 오른쪽 그림 2를 봐 주세요.

그림 2

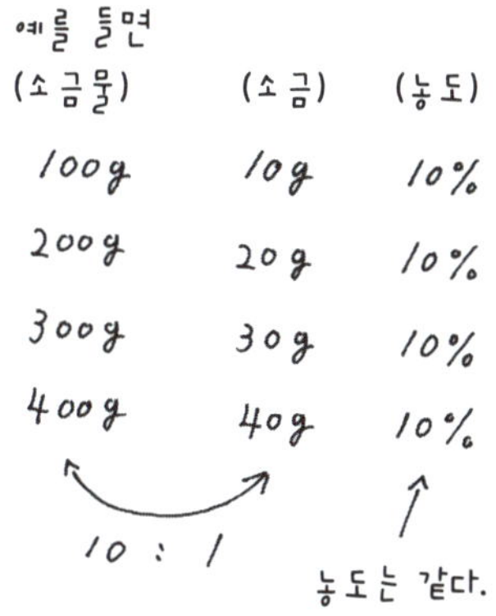

예를 들면
(소금물)   (소금)   (농도)
100g   10g   10%
200g   20g   10%
300g   30g   10%
400g   40g   10%

10 : 1

농도는 같다.

 (소금물)의 비와 똑같이 (소금)이 들어가면 (농도)가 같다는 말이군요. 저는 이해하지만 아이들은 어떨지…….

 아이들은 (비율)의 개념을 모르기 때문에 좀처럼 이해하기 힘들지도 몰라요. 그럴 때는 일단 외우게 한 다음 복습을 하면서 이해도를 높여 주는 방법이 가장 좋다고 생각합니다.

 식 ⑤에서는 비에 따라 실제로 36그램을 나눴군요. 분모가 '5 + 3'이고 분자가 '5'인데, 이렇게 해서 나눌 수 있는 건가요?

식 ⑤ $36 \text{ g} \times \dfrac{5}{5+3}$
     $= 22.5 \text{ g}$

 5 : 3이니까 전체는 5 + 3 = 8이에요. 그리고 8 가운데 5가 A에 들어 있을 (소금)이니까 식 ⑤처럼 되지요. 그림 3을 봐 주세요. 이런 것을 '비례 배분'이라고 해요.

그림 3

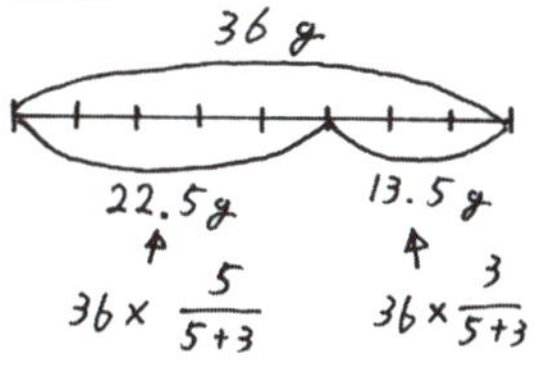

36 g

22.5g   13.5g

$36 \times \dfrac{5}{5+3}$ $36 \times \dfrac{3}{5+3}$

 그러면 B에 들어 있는 (소금)은 36그램 - 22.5그램 = 13.5그램이지요?

네, 그렇지요. 하지만 식 ⑥을 보면 알 수 있듯이, A만 알면 (농도)를 구할 수 있어요. 문제에 '같은 농도가 되었다.' 라고 씌어 있으니까 B에 들어 있는 (소금물) 역시 (농도)는 4.5퍼센트이지요.

식 ⑥ 22.5 g ÷ 500 g
= 0.045 = 4.5 % (1)

▶▶ 아이들이 자주 하는 말

 소금물을 만들어 보고 싶은데…….

 한번쯤은 소금물을 직접 만들어 보는 것도 좋습니다.
예를 들면 농도가 20퍼센트인 소금물 100그램을 만들 때 아이가 제대로 물 80그램에 소금 20그램을 넣을 수 있는지 확인할 수 있습니다.
물 100그램에 소금 20그램을 넣는 실수를 해 보는 것도 좋은 경험이 됩니다.

 13.5그램 ÷ 300그램 = 0.045. 오오, 정말이네?

 그러면 (2)로 넘어가지요.

 잠깐만요. 혹시 이것도 (1)만큼 설명이 긴가요?

 걱정 마세요. 잠깐이면 끝나요.

 휴! 다행이다! 얼마 안 남았다니 힘을 내지요!

 그러면 문제를 '학과 거북이 계산' 처럼 바꿔 볼게요. '상품 A는 한 개의 가격이 0.06원, 상품 B는 한 개의 가격이 0.02원이다. 둘을 합쳐 500개를 샀더니 합계 금액은 22.5원이었다. 이때 상품 A와 B를 각각 몇 개씩 샀을까?'

 먼저 식 ⑦로 상품 A만 샀을 때의 금액을 구하면 30원이고 식 ⑧로 30원과 합계 금액의 차, 즉 "차"를 구하고 식 ⑨로 상품 한 개당 가격의 차, 즉 '차'를 구한 다음 식 ⑩에서 "차"를 '차'로 나누면 187.5개가 되는데 이것이 바로 사지 않은 쪽인 B의 개수네요.

식 ⑦ 0.06 × 500 = 30
식 ⑧ 30 − 22.5 = 7.5
식 ⑨ 0.06 − 0.02 = 0.04
식 ⑩ 7.5 ÷ 0.04
= 187.5 (g) (2)

 즉 그림 4와 같이 조작 후의 비커 A에 든 소금물 500그램 속에는 비커 B에서 떠낸 소금물 187.5그램이 들어 있다는 뜻이지요. 따라서 비커에서 떠낸 소금물의 양은 187.5그램이 됩니다.

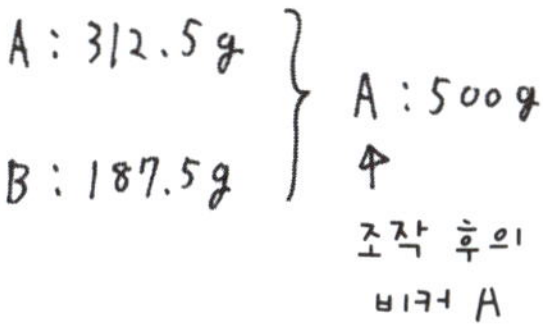

처음에 문제를 풀 때는 힘들었지만, 이제 복습만 조금 하면 잘 풀 수 있겠어요.

 그리고 사실 (1)은 소금물을 옮겨 넣은 뒤에 각 비커에 들어 있는 (소금)의 양을 구하지 않아도 식 ⑪로 답을 구할 수 있어요. (농도)가 4.5퍼센트인 소금물을 각 비커에 나눈다고 생각하면 당연한 결과지만, 처음에는 각 비커에 든 (소금)의 양을 구하는 쪽이 이해하기 쉽지 않을까요?

그림 4
A : 312.5 g
B : 187.5 g
} A : 500 g
↓
조작 후의
비커 A

식 ⑪ 36 g ÷ 800 g = 4.5 %

【해답】
(1) 4.5 %   (2) 187.5 g

정리 평가 4 ▶ 농도를 이용한 계산

수고하셨습니다. 어떠셨습니까? 재미있다고는 할 수 없지만 '그렇군.' 하고 고개가 끄덕여지는 부분이 몇 군데 있지 않았습니까? 아직 마땅찮은 분도 계시리라 생각합니다만, '접시저울 그림'에 관해서는 일부러 자세한 설명을 생략했습니다. 그 이유는 해설 중에도 잠깐 이야기했지만, 입시 수학 입문 단계에서는 '접시저울 그림'에 너무 깊이 빠져들지 않았으면 해서입니다. '접시저울 그림'은 '학과 거북이 계산' 유형의 '소금물' 문제에서 가장 활약하게 됩니다. 따라서 그런 문제와 마주했을 때는 '접시저울 그림'을 하나의 '도구'로 사용해 주시기 바랍니다.

MEMO

STEP **5**

업무 계산
(비와 비율을 이용한 계산)

'일 전체'와 일을 끝내는 데 '걸린 시간', 각자가 처리하는 '업무량'의 관계를 파악하며 푸는 문제가 '업무 계산'입니다. '업무 계산' 문제에서는 대부분 '일 전체'가 어느 정도인지 알지 못한다. 그러므로 '일 전체'를 '1'로 가정하고 문제를 풀어 나가자!! 가정에 익숙해지는 것이 중요하다.

You're halfway!

STEP 5
업무 계산
(비와 비율을 이용한 계산)

 이제 슬슬 입시 수학에도 익숙해지셨지요?

 익숙해지니까 그만큼 재미있는데요?♪

 하하. 그렇게 말씀해 주시니 감개무량하군요. 그러면 기본 중의 기본을 소개하겠습니다.

기본 중의 기본

(일 전체)·(업무량)·(걸린 시간)

일 전체 = (업무량) × (걸린 시간)
업무량 = (일 전체) ÷ 걸린 시간
※ 이 책에서는 하루나 한 시간에 끝낼 수 있는 일의 양을 '업무량'이라고 부르기로 한다.
걸린 시간 = (일 전체) ÷ 업무량
※ '걸린 시간'이란 (일 전체)를 끝내는 데 필요한 시간을 뜻한다.

▶ 외우는 법

```
        일 전체
    ─────┬─────
    업무량 │ 걸린 시간
```

▶ 사용법
속·시·거 그림과 마찬가지로 구하려고 하는 대상을 손가락으로 가리고 나머지를 계산한다.

| 예제 1 | 어떤 일이 있는데, A군이 혼자 이 일을 끝마치는 데 16일이 걸린다.
(1) A군은 하루 동안 일 전체의 몇분의 1을 끝낼 수 있을까?
(2) A군이 이 일의 절반을 끝내는 데 며칠이 걸릴까? |

 전부 끝마치는 데 16일이 걸리니까 당연히 하루 동안에는 그 일의 $\frac{1}{16}$을 할 수 있지 않을까요?

 아, 정확히 보셨어요. 바로 정답이 나와 버렸네요, 하하. 역시 아버님은 금방 문제를 이해하시네요. 하지만 아이들은 어렵게 느낄 수도 있는 모양이에요. 대부분의 아이들은 분수에 약하거든요.

 그렇다면 아이한테는 어떻게 가르쳐야 할까요?

 '업무 계산'의 기본 테크닉을 소개할게요.

테크닉 1   '일 전체'를 '1'로 놓는다.

 그러니까 식 ①처럼 만들어서 구하면 된다는 말이군요.

식 ① $1 \div 16$ 일 $= \frac{1}{16}$ (1)

 대부분의 '업무 계산' 문제는 테크닉 1을 사용하게 되니까 꼭 기억해 두세요. 그리고 그림 1과 같은 그림을 그려 주면 아이들이 이해하는 데 도움이 될 거예요.

그림 1

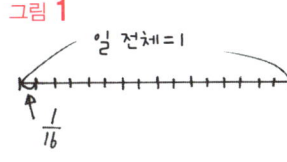

이거 '수직선' 신세를 너무 많이 지는걸! 하하.

 그림을 그리지 않는 날이 없다고 할 정도가 되는 것이 이상적이에요. '수직선'을 그려서 손해 볼 일은 없으니까요.

 (2)는 '일 전체'를 1이라고 생각하면 식 ② 에 따라 그 절반은 $\frac{1}{2}$이군요.

식 ② $1 \div 2 = \frac{1}{2}$

 A군의 하루 '업무량'은 식 ①로 구했으니까 그다음은 기본 중의 기본에 따라 식 ③으로 답을 구하면 끝이지요.

식 ③ $\frac{1}{2} \div \frac{1}{16} = 8$일 (2)

 음, 그렇기는 한데요, 전부 끝내는 데 걸리는 시간이 16일이니까 절반을 하는 데 8일이 걸리는 건 당연하지 않을까요? 하하.

당연한 것을 굳이 수학의 형식에 맞게 생각해 본 것이지요.

【해답】
(1) $\frac{1}{16}$ (2) 8일

중학교 입시 수학의 맥 **가정한다**

'업무 계산'에서는 전체를 1이라고 생각하는 것이 기본인데, 이는 다른 분야에서도 자주 사용하는 테크닉이다. 실제 양을 정확히 모르더라도 '비율'의 관계성을 알고 있을 때는 그 양을 가정하고 푸는 일이 많다.

예제 2

어떤 일을 끝마치는 데 A군은 혼자서 10일이 걸리고 B군은 혼자서 15일이 걸린다.
이 일을 A군과 B군이 같이 하면 끝마치는 데 며칠이 걸릴까?

 어떤가요? 예제 1과는 조금 다른 문제인데.

 '일 전체'는 1이라고 생각해야겠지요?

 그렇지요. 그 점은 예제 1과 같아요.

 그러면 '일 전체'의 양을 알았으니까 A군이 하루에 처리할 수 있는 '업무량'은 식 ①로 알 수 있고, 마찬가지로 B군이 하루에 처리할 수 있는 '업무량'은 식 ②로 구할 수 있네요.

식 ① $1 \div 10\text{일} = \frac{1}{10}$

식 ② $1 \div 15\text{일} = \frac{1}{15}$

 힘을 합쳐서 일을 하는 것이니까 식 ③과 같이 둘을 더하면 됩니다. 이것 역시 당연한 듯하지만 테크닉이지요.

식 ③ $\frac{1}{10} + \frac{1}{15} = \frac{1}{6}$

테크닉 2

'힘을 합쳐서 일한다' = '덧셈'

 그러니까 두 사람이 힘을 합치면 하루에 '일 전체'의 $\frac{1}{6}$을 처리할 수 있다는 사실을 식 ③으로 알 수 있군요. 이제 남은 건 식 ④로 답을 구하는 일뿐이네요.

식 ④ $1 \div \frac{1}{6} = 6\text{일}$

 그렇지요.

【해답】 6일

예제 3

어떤 일이 있다.
이 일을 A군과 B군이 함께 하면 10일이 걸리며,
A군 혼자서 하면 12일이 걸린다.
그렇다면 B군 혼자 일을 끝내는 데는 며칠이 걸릴까?

A군과 B군이 함께 일할 때의 하루 '업무량'은 식 ①로 알 수 있고.

식 ① $1 \div 10$ 일 $= \frac{1}{10}$

A군 혼자서 일할 때의 하루 '업무량'도 식 ②로 간단히 구할 수 있지요.

식 ② $1 \div 12$ 일 $= \frac{1}{12}$

이제 식 ③과 같이 뺄셈을 하면 B군 혼자서 일할 때의 하루 '업무량'이 나오는군요.

식 ③ $\frac{1}{10} - \frac{1}{12} = \frac{1}{60}$

'일 전체'는 역시 1이니까 식 ④로 답이 나옵니다. 그리고 식 ③에서는 뺄셈을 했는데, 그림으로 나타내자면 이런 식이에요. 아이에게 가르칠 때는 그림 1 같은 그림을 그려서 이해하기 쉽게 설명해 주세요.

식 ④ $= 60$ 일

그림 1

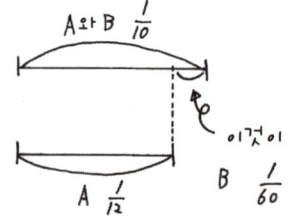

【해답】 60일

| 예제 4 | 수조에 물을 채우려 한다. 수도꼭지 A만을 틀면 30분이 걸리고, 수도꼭지 B만을 틀면 40분이 걸린다. 또 수조가 가득 찼을 때 수조의 밸브 C만을 열면 20분 만에 수조의 물이 다 빠진다.
수도꼭지 A와 B, 밸브 C를 동시에 열었다면 빈 수조가 가득 차는 데 몇 시간이 걸릴까? |

 A와 B로는 물이 들어오고 C로는 물이 나갑니다.

 대개는 밸브를 잠그고 물을 채우지 않나요? 하하.

 그렇지요. 하지만 입학 시험에서는 어린 아이도 하지 않을 실수를 자주 저지르곤 하지요. 하하.

 어쨌든 이 문제도 수조가 가득 찼을 때의 물의 양이 어느 정도인지 모르니까, 일단 전체를 1이라고 생각해야겠군요?

 예제 3과 마찬가지로 생각하면 됩니다.

 식 ①~식 ③으로 A와 B, C의 각각의 '업무량'을 구할 수 있는데. 하지만 C는 일을 한다기보다는 방해만 되는군요. 하하.

식 ① $1 \div 30$ 분 $= \dfrac{1}{30}$

식 ② $1 \div 40$ 분 $= \dfrac{1}{40}$

식 ③ $1 \div 20$ 분 $= \dfrac{1}{20}$

 먼저 쓸데없이 방해만 하는 C는 내버려 두지요. A와 B는 '힘을 합쳐서' 일하고 있으니까 식 ④와 같이 덧셈을 해 줍니다.

식 ④ $\dfrac{1}{30} + \dfrac{1}{40} = \dfrac{7}{120}$

| 테크닉 3 | '일을 방해한다' = '뺄셈' |

그렇다면 식 ⑤로 1분당 '업무량'을 알 수 있겠네요.

식 ⑤ $\frac{7}{120} - \frac{1}{20} = \frac{1}{120}$

 마지막으로는 식 ⑥으로 답을 알 수 있는데, 이때 아이들은 '분'을 '시간'으로 고치는 것을 잊어버리곤 하지요. 문제를 정확히 읽도록 지도해 주세요.

식 ⑥ $1 \div \frac{1}{120} = 120$ 분
= 2 시간

【해답】 2 시간

예제 5

어른 7명이 하면 9일 만에 끝나는 일이 있다.
이 일을 어른 3명이 하면 끝내는 데 며칠이 걸릴까?
단, 어른 한 명이 일을 하는 속도는 모두 같다.

 어라? 뭔가 지금까지 본 문제와는 조금 다른걸요? 할 수 있는 것부터 해 나가야겠는데…….

 일을 하는 사람이 한 명이 아니라 여러 명이 되었어요. 하지만 기본적으로는 달라진 것이 없습니다. '어른 7명'을 'A군'이라고 생각하면 똑같아요.

 그렇다면 식 ①처럼 계산하면 되겠군요. 이것은 '어른 7명'이 하루에 끝낼 수 있는 '업무량'이니까, '어른 한 명'이 하루에 끝낼 수 있는 '업무량'은 식 ②가 되려나?

식 ① $1 \div 9 = \frac{1}{9}$

식 ② $\frac{1}{9} \div 7 = \frac{1}{63}$

 네, 그렇지요.

 3명이 하루에 끝낼 수 있는 '업무량'은 식 ③이고 전체는 1이니까 식 ④가 답이다. 그렇죠?

식 ③ $\frac{1}{63} \times 3 = \frac{1}{21}$

식 ④ $1 \div \frac{1}{21} = 21$ 일

문제를 푸는 법과 답, 모두 완벽해요. 그러면 이번에는 다른 식으로 푸는 법을 소개해 드릴게요.

 응? 또 '소금물'인가요?

 하하, 아니에요. 먼저 식 ⑤와 같이 이 일에 필요한 총 인원수를 구해요. 그리고 식 ⑥과 같이 역산하면 일수를 구할 수 있지요. 이렇게 '총계'를 이용해서 풀 수도 있답니다.

식 ⑤ 7명 × 9일 = 63명

식 ⑥ 63명 ÷ 3명 = 21일

 호오, 훨씬 간단하네? 하지만 아이들에게는 그냥 '업무 계산'으로 풀게 하는 게 좋을 것 같아요. 아이들의 이해도를 측정할 수 있을 테니까요.

【해답】 21일

예제 6

수영장에 물을 가득 채우는 데 A관과 B관을 모두 사용하면 6시간 40분이 걸리고, B관만 사용하면 15시간이 걸린다. 오늘 수영장에 A관과 B관을 모두 사용해 물을 넣기 시작했는데, 5시간 뒤에 B관이 망가져서 나머지는 A관만을 사용했다. 물을 넣기 시작한 지 몇 시간 뒤에 수영장에 물이 가득 찼을까?

 모든 단위를 '시간'으로 바꾸는 것이 생각하기 편하니까 식 ①과 같이 단위 환산을 할게요.

식 ① 6시간 40분
     $= 6\frac{2}{3}$ 시간 $= \frac{20}{3}$ 시간

 식 ②로 A와 B를 모두 사용할 때의 한 시간당 '업무량'을 알 수 있군요. 마찬가지로 식 ③으로 B만의 '업무량'을 알 수 있고.

식 ② $1 \div \frac{20}{3} = \frac{3}{20}$

식 ③ $1 \div 15 = \frac{1}{15}$

 그리고 식 ④로 A만의 '업무량'을 알 수 있지요.

식 ④ $\frac{3}{20} - \frac{1}{15} = \frac{1}{12}$

어디 보자, 먼저 A와 B를 모두 사용해 5시간 동안 물을 넣었으니까 식 ⑤군요.

식 ⑤ $\frac{3}{20} \times 5 = \frac{3}{4}$

 지금까지의 상황을 그림으로 나타내면 그림 1과 같아요.

그림 1

 '수직선'은 모든 분야에 쓰이는군요.

 역시 숫자만 적는 것이 아니라 눈에 보이는 형태로 표현하는 것이 중요하거든요. 아이들도 이런 그림을 그리는 습관을 들였으면 좋겠어요.

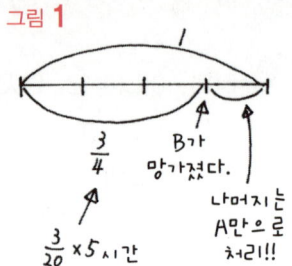

 B관이 망가졌을 때 남은 업무량은 식 ⑥과 같아요.

식 ⑥ $1 - \frac{3}{4} = \frac{1}{4}$

 그다음에는 A관만으로 처리했으니까 식 ⑦과 같지요. 그리고 여기에서 주의해야 할 것이 있는데, '물을 넣기 시작한 지'라고 했으니까 식 ⑧과 같이 모든 작업 시간을 더해야 답이 됩니다.

식 ⑦ $\frac{1}{4} \div \frac{1}{12} = 3$

식 ⑧ $5 + 3 = 8$ 시간

 만약 식 ⑧을 깜빡 잊고 계산하지 않으면 기껏 공부한 것이 헛고생이 되는군요.

 그런데 이 문제가 만약 '물을 넣기 시작한 지 몇 시간 뒤에 B가 망가져서 A만으로 물을 넣는 데 모두 8시간이 걸렸다. B가 망가진 것은 물을 넣기 시작한 지 몇 시간 뒤일까?'였다면 어떻게 풀어야 할까요? 그때는 오른쪽의 그림 2와 같아요.

그림 2

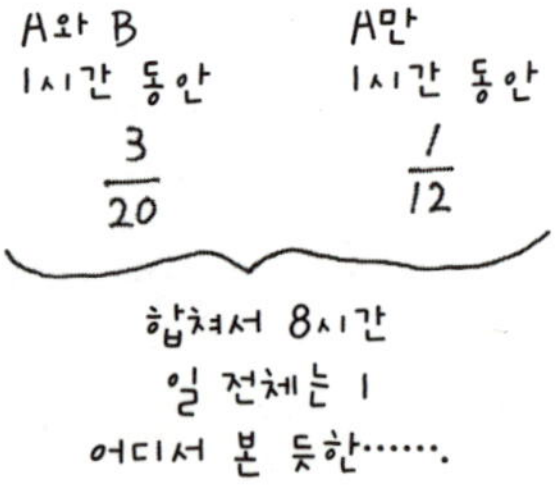

어쩐지 본 적이 있는 듯한 기분이 드는데요? 아, 이건 '학과 거북이 계산'이잖아요?

네, 맞아요. A만으로 8시간 동안 물을 넣었다고 생각하면 식 ⑨와 같이 되지요. 그리고 '일 전체'와의 "차"는 식 ⑩으로 구할 수 있어요.

식 ⑨ $\frac{1}{12} \times 8$ 시간 $= \frac{2}{3}$

식 ⑩ $1 - \frac{2}{3} = \frac{1}{3}$

A와 B를 모두 사용할 때와 A만 사용할 때의 '업무량'의 '차'는 B만의 '업무량'이니까 $\frac{1}{15}$이네요. 따라서 식 ⑪로 "차" ÷ '차'를 구하면 A와 B를 모두 사용한 시간을 알 수 있다는 뜻이군요.

식 ⑪ $\frac{1}{3} \div \frac{1}{15} = 5$ 시간

예제 6에 나와 있지만, 분명히 5시간 뒤에 망가졌음을 알 수 있지요.

【해답】 8 시간

예제 7

상품 A와 상품 B가 있다. 철이가 가지고 있는 돈으로는 상품 A를 20개 살 수 있다. 또 상품 A를 8개 사면 상품 B를 15개 살 수 있는 돈이 남는다.
이때 다음 물음에 답하시오.

(1) 상품 B만 산다면 몇 개를 살 수 있을까?
(2) 상품 A와 상품 B의 가격의 차이가 50원이라면 철이가 가진 돈은 얼마일까?

만약 이 문제가 '업무 계산'이라는 걸 모른다면 조금 난감하겠는걸요. 특히 '업무 계산'에 익숙하지 않은 아이들은 좀처럼 손을 대지 못하겠네요.

이 문제를 보고 "업무 계산이네!"라고 말할 정도가 된다면 참 기쁜 일이지요.

먼저 철이가 가진 돈을 1이라고 생각하는 데서 시작해야겠지요. 그러면 상품 A의 한 개당 가격은 식 ①로 구할 수 있고요.

식 ① $1 \div 20\text{개} = \frac{1}{20}$

 상품 A를 8개 사면 그 금액은 식 ②에 따라 $\frac{2}{5}$, 남은 돈은 식 ③으로 알 수 있어요.

식 ② $\frac{1}{20} \times 8\text{개} = \frac{2}{5}$

식 ③ $1 - \frac{2}{5} = \frac{3}{5}$

 $\frac{3}{5}$이 상품 B를 15개 샀을 때의 합계 금액이니까, 상품 B의 한 개당 가격은 식 ④에 따라 $\frac{1}{25}$이군요.

식 ④ $\frac{3}{5} \div 15\text{개} = \frac{1}{25}$

 그러므로 식 ⑤에 따라, 상품 B만 산다면 25개를 살 수 있는 셈이지요.

식 ⑤ $1 \div \frac{1}{25} = 25\text{개}$ (1)

 하나하나 순서에 따라 생각해 나가니까 간단하군요.

 (2)는 어떻게 할까요?

 상품 A가 상품 B보다 비싸다는 것은 분명하군요. 어디 보자, 이걸 어떻게 풀어야 하나…….

 푸는 방법은 여러 가지가 있겠지만, 기왕 풀어 놓은 것이 있으니 지금까지 구한 수치를 모두 활용하는 편이 좋겠지요. 상품 A와 상품 B의 가격은 분수의 형태로 알고 있잖아요.

 아, 맞아요, 맞아. 상품 A는 $\frac{1}{20}$이고 상품 B는 $\frac{1}{25}$이었지. 그러니까 식 ⑥으로 가격의 '차'를 분수로 나타낼 수 있어요.

식 ⑥ $\frac{1}{20} - \frac{1}{25} = \frac{1}{100}$

그렇지요. 그리고 가격의 차이가 50원이라고 문제에 나와 있으니까, 그림으로 나타내면 그림 1과 같지요.

 50원이 철이가 가진 돈의 $\frac{1}{100}$에 해당하는 셈이니까, 식 ⑦로 철이가 가진 돈을 구할 수 있겠군요.

 이미 전체 '업무량'을 1이라고 설정해 놓은 문제네요.

그림 1

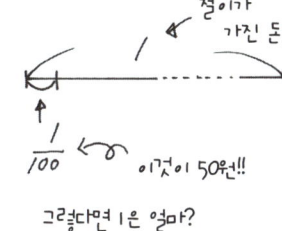

식 ⑦ 50 원 × 100
　　　 = 5000 원 (2)

【해답】
(1) 25개　(2) 5000원

과거 입학시험 문제 ▶라쿠난 고등학교 부속 중학교

수입한 목재를 운반하는 데 대형 및 소형 트럭을 사용한다. 대형 트럭 한 대와 소형 트럭 한 대를 합치면 전체의 $\frac{1}{36}$을 운반할 수 있다. 또 대형 트럭 30대와 소형 트럭 45대가 있으면 목재를 모두 운반할 수 있다. 소형 트럭만으로 목재를 운반하려면 몇 대가 필요할까?

 어떻게 풀어야 잘 풀었다고 소문이 나려나……

 대형 트럭과 소형 트럭의 각각의 '업무량'을 알아야겠지요. 먼저 식 ①과 같이 대형 트럭과 소형 트럭이 30대씩 있을 때 운반할 수 있는 '업무량'을 구해 볼게요.

식 ① $\frac{1}{36} \times 30 = \frac{5}{6}$

 왜 그걸 구하지요?

아래의 그림 1을 보세요.

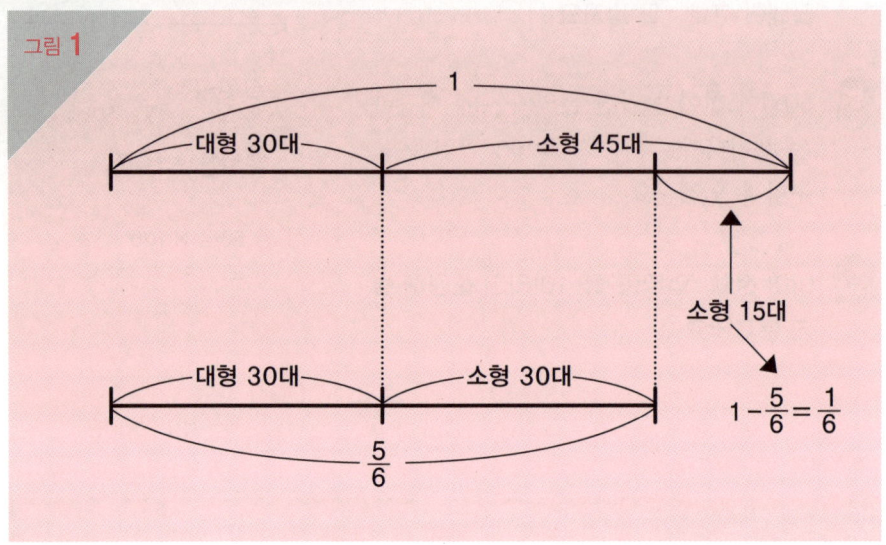

 그림 1에서 식 ②로 15대를 구하고, 식 ③으로 소형 트럭 15대가 운반할 수 있는 목재의 비율을 알 수 있어요.

식 ② $45 - 30 = 15$

식 ③ $1 - \frac{5}{6} = \frac{1}{6}$

▶▶ 아이들이 자주 하는 말

 '수입' 이 뭐예요?

 아이들은 문제 안에 잘 모르는 말이 나오면 금방 의욕을 잃어버릴 수 있습니다.
입시 수학에서는 모르는 단어가 나와도 무시하고 읽어 나가는 자세가 필요합니다.

 소형 트럭 15대가 $\frac{1}{6}$을 운반할 수 있으니까 한 대가 운반할 수 있는 양은 식 ④로 구할 수 있겠군요.

식 ④ $\frac{1}{6} \div 15 = \frac{1}{90}$

 나머지는 간단하게 계산할 수 있지요.

식 ⑤ $1 \div \frac{1}{90} = 90$ 대

【해답】 90대

정리 평가 5 ▶ 업무 계산

'업무 계산'의 과거 입학시험 문제는 비교적 쉽게 풀었겠지요? '업무 계산'은 기본만 제대로 알고 있으면 최상위권 중학교의 입학시험 문제에도 곧바로 도전할 수 있습니다. 단, 아이들은 실제의 양이 아닌 분수를 사용하는 데 저항감을 느낍니다. 분수라고 해서 특별하게 생각할 필요 없이 평소와 똑같이 생각하고 풀면 정답을 이끌어 낼 수 있다는 사실을 철저히 가르쳐서 '비'의 개념에 익숙해지도록 해 주십시오.

MEMO

KEEP
TRYING!!

STEP 6
경우의 수

'이와 같은 경우는 ○○가지'의 ○○을 생각하는 것이 '경우의 수'이다. 먼저 '조합'과 '순열'의 차이를 이해하는 일부터 시작한다. 그러고 나서 구체적인 사건은 몇 가지가 있는지를 생각한다. '이럴 경우, 저럴 경우'와 같은 식으로 경우를 나눠야 하는 문제도 준비했다.
고등학교에서 배우는 조합과 순열도 사용할 수 있도록 하자!!

STEP 6 경우의 수

 짜잔~ 드디어 등장했습니다! 응용문제의 마지막을 장식할 '경우의 수' 입니다. ♪

 뭐가 그렇게 기쁘지요?

 제가 제일 좋아하는 분야거든요, 하하.

기본 중의 기본

순열 ▶ 순서와 관계있음

배열을 바꿀 때 순서가 다르면 각각을 다른 '경우'로 생각한다.

▶예) A군, B군, C군이 달리는 순서를 결정할 때

1번 2번 3번 A군 B군 C군	◀ 다르다 ▶	1번 2번 3번 B군 C군 A군
한 가지		한 가지

조합 ▶ 순서와 관계없음

선택한 것이 다를 '경우'에 각각을 다른 '경우'로 생각한다.

▶예) 사과, 귤, 멜론 중에서 두 가지를 고를 때

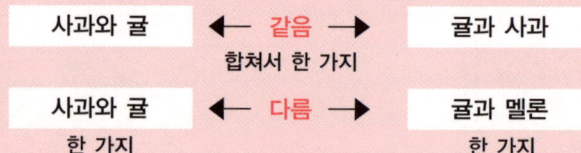

예제 1

A군, B군, C군은 이어달리기 팀을 만들고 싶어 한다.
이때 달리는 순서를 정하는 방법은 몇 가지가 있을까?

예제 1은 '순열'이라고 부르는 것이므로 '순서'가 다르면 다른 하나로 계산합니다.

그렇게 많지 않아 보이는데요.

일단 모든 유형을 적어 볼까요? 그러면 그림 1과 같이 정리되니까 답은 6가지가 되지요.

그림 1

1번	2번	3번
A	B	C
A	C	B
B	A	C
B	C	A
C	A	B
C	B	A

전부 합쳐 6가지!!

하지만 이런 식이라면 10명이 이어달리기 팀을 만들 때는 그 수가 상당하겠는걸요?

그렇겠지요. 여기에서 테크닉을 하나 소개할게요.

테크닉 1

(X명이 달리는 순서를 정하는 법)
=X×(X−1)×(X−2)×⋯×1가지

그렇다면 식 ①이라는 말이군요. 어떻게 이 식을 쓸 수 있는 거죠?

식 ① 3 × 2 × 1 = 6 가지

그림 2를 봐 주세요.

그림 2

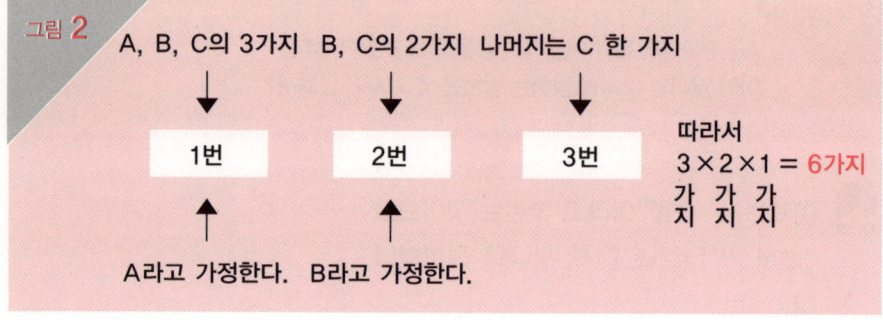

 그렇군요. 선생님이 학생들한테 "1번 주자로 뛰고 싶은 사람!", "2번 주자로 뛰고 싶은 사람!" 하고 손을 들게 하는 것과 마찬가지네요.

 그러면 예제 2로 넘어가지요.

【해답】 6가지

예제 2

빨간색, 파란색, 노란색 공이 각각 하나씩 있다.
공 3개 가운데 2개를 고른다면 고르는 방법에는 몇 가지가 있을까?

 여기에서 '순서'는 관계가 없지요. 따라서 '조합'이에요.

 그림 1과 같이 일일이 적어 보면 분명히 3가지네요.

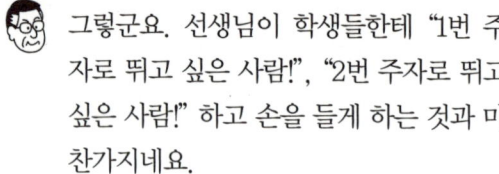

 네, 맞아요. 이 정도라면 순식간에 모든 경우를 적어서 답을 알 수 있지요. 하지만 만약 공이 50개 있다면 조금 힘들지 않을까요?

 그래도 조금만 힘을 내면 다 적을 수 있지요. 하하.

 하하. 대단하신데요? 하지만 정말 중요한 자세지요. 경우의 수를 구하는 기본은

'모든 경우를 하나하나 써 나가는 것' 이니까요. 이 점을 꼭 기억해 두셨으면 해요.

 그러면 이 문제를 계산식을 써서 구하려면 어떻게 하지요?

 이건 고등학교에서 배우게 되는 것이지만, 기억해 두면 편리해요.

어떤 방법으로 풀어도 괜찮아요! 어떻게든 답을 구하는 것이 중요합니다!!

테크닉 2

$$_xC_y = \frac{x\text{부터 시작해 1씩 빼 나간 수를 } y\text{개 곱한 것}}{y\text{부터 시작해 1씩 빼 나간 수를 } y\text{개 곱한 것}}$$

※이것을 **조합**이라고 한다.

 그러니까 이 문제에서는 식 ①과 같이 구할 수 있어요.

식 ① $_3C_2 = \dfrac{3 \times 2}{2 \times 1}$
= 3가지

 이건 뭐랄까, 정말 테크닉 같은 느낌이군요. 그런데 이게 어째서 성립하는 걸까?

 아래의 그림 2를 봐 주세요.

그림 2

▶1회째와 2회째를 구별해 공을 꺼낸다고 생각하면,

(빨강·파랑) (빨강·노랑) (파랑·노랑)
(파랑·빨강) (노랑·빨강) (노랑·파랑)

빨강, 파랑, 노랑의 3가지 ▼ 1회째

나머지 2가지 ▼ 2회째

3 × 2 = 6 가지

그러나 사실은 1회째와 2회째를 구별하지 않기 때문에 순서를 바꿔도 똑같다! 무엇을 고르느냐의 문제이므로 순서는 관계없다! ⟶ 2×1 ▶ 그러므로 2×1로 나눈다!!

아하, 그런 것이었군요.

 이것의 의미를 이해하느냐 못 하느냐가 핵심이니까, 아이한테 '왜 조합을 사용하는지' 확인시켜 주는 것도 중요해요.

 아 참, 지금 막 생각났는데, 3개 중에서 2개를 고르는 거잖아요? 그러니까 반대로 '공 3개 중에서 하나는 고르지 않는다. 공이 선택되지 않을 가짓수는 몇 가지인가?' 라는 식으로 생각할 수도 있지 않을까요? 그러면 그림 3과 같이 간단하게 답이 나오는데요.

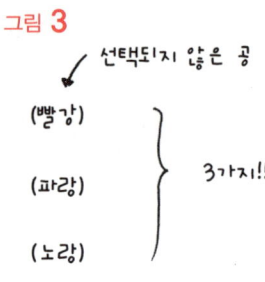

 네, 정확히 짚으셨어요. 그렇기 때문에 조합을 사용해서 계산해도 결과가 달라지지 않는 거예요. 식 ②를 봐 주세요.

식 ② $_3C_1 = \dfrac{3}{1} = 3$ 가지

 이번에는 '조합' 뒤에 '순열'을 생각하는 문제입니다.

【해답】 3 가지

예제 3

A군, B군, C군, D군, 이렇게 4명 가운데 이어달리기 경기에 나갈 3명을 고르고 달리는 순서를 정하려고 한다.
이때 이어달리기 팀을 만드는 방법은 몇 가지가 있을까?

으음, 먼저 조합을 사용해야겠군요. 그러니까 식 ①에 따라 3명을 고르는 방법이 4가지라는 걸 알 수 있네요.

식① $_4C_3 = \frac{4 \times 3 \times 2}{3 \times 2 \times 1}$
      $= 4$ 가지

 그러면 이제 3명의 순서를 어떻게 정하느냐만 생각하면 되지요. 그림 1을 보면 분명히 알 수 있어요.

그림 1

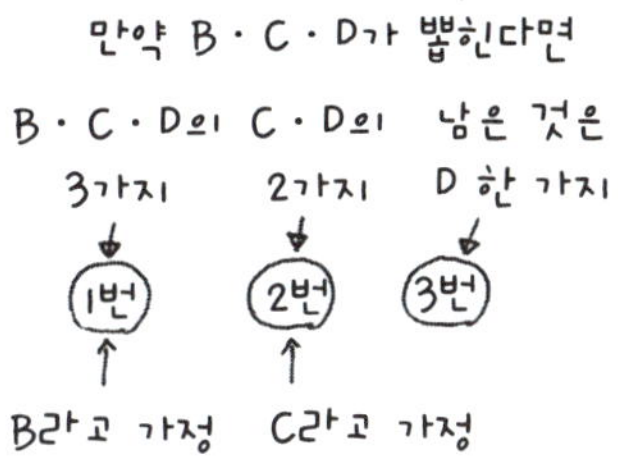

만약 B·C·D가 뽑힌다면
B·C·D의   C·D의   남은 것은
 3가지   2가지   D 한 가지
  ↓   ↓   ↓
 (1번)   (2번)   (3번)
  ↑   ↑
B라고 가정 C라고 가정

 예제 1과 같은 식이군요.

 따라서 식 ②와 같이 된답니다.

식② $3 \times 2 \times 1 = 6$ 가지
식③ 4 가지 $\times 6$ 가지
      $= 24$ 가지

 이제 식 ③과 같이 둘을 곱하면 끝.

 딩동댕, 정답입니다. 하지만 아이들은 '고르는 가짓수가 4가지고 순서의 가짓수가 6가지니까 합쳐서 10가지구나.' 라고 생각할 때도 많아요. 그럴 때는 다음과 같은 그림을 그려서 설명해 주세요.

그림 2

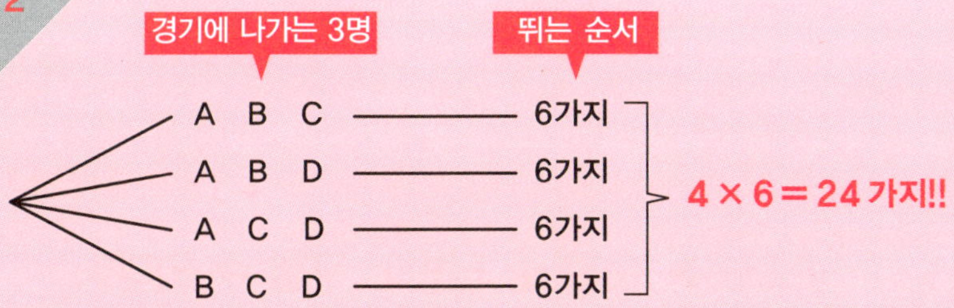

경기에 나가는 3명 | 뛰는 순서

A B C ——— 6가지
A B D ——— 6가지 $4 \times 6 = 24$ 가지!!
A C D ——— 6가지
B C D ——— 6가지

※이와 같은 그림을 '나뭇가지 모양 그림'이라는 뜻으로 **수형도(樹型圖)** 라고 한다.

이걸 보면 '곱셈'을 해야 한다는 걸 이해할 수 있겠군요.

 그런데 사실은 이것도 공식 하나로 단번에 해결할 수 있답니다!

테크닉 3

xPy = x부터 시작해 1씩 빼 나간 수를 y개 곱한 것

※이것을 순열이라고 한다.

 이 식이 성립하는 이유는 그림 3을 봐 주세요.

그림 3

순열 공식을 자세히 쓰면,

xPy = xCy × (y에서 시작해 1씩 빼 나간 수를 y개 곱한 것)

조합은 x개 중에서 y개를 고른다.

y개를 순서를 바꿔 나열한다. 즉 '순열'

'조합' ▶ '순열'을 단번에 구할 수 있다!!

 순열 공식을 이용하면 식 ④와 같이 답이 나오지요.

식 ④ $4P3 = 4 × 3 × 2$
     $= 24$ 가지

 아주 믿음직한 친구군요, 하하.

【해답】 24 가지

예제 4

오른쪽 그림과 같은 바둑판 모양의 길이 있다. 이때 다음 물음에 답하시오. 단, 진행 방향은 최단 거리로 정한다.

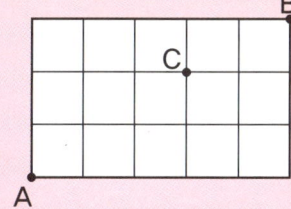

(1) A지점에서 B지점으로 가려고 할 때, 가는 방법은 몇 가지일까?

(2) A지점을 출발해 C지점을 지나 B지점으로 가려고 할 때, 가는 방법은 몇 가지일까?

 (1)은 식 ①로 끝이에요.

식① $_8C_3 = \dfrac{8 \times 7 \times 6}{3 \times 2 \times 1}$
       $= 56$ 가지 … (1)

 $_8C_3$이라는 말은 '8개 중에서 3개를 고르는 것'이라는 뜻이군요. 그런데 왜 이렇게 되죠?

 그러니까 이런 뜻이에요.

그림 1

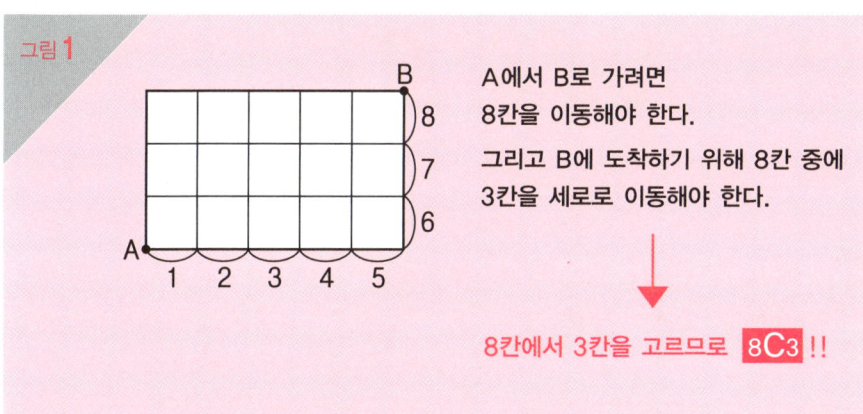

A에서 B로 가려면 8칸을 이동해야 한다.

그리고 B에 도착하기 위해 8칸 중에 3칸을 세로로 이동해야 한다.

8칸에서 3칸을 고르므로 $_8C_3$!!

 확실히 이것도 조합 공식을 쓸 수 있겠어요. 조합 공식의 본질을 이해해야 제대로 사용하겠군요.

그러면 (2)는 어떨까요? (1)을 응용한 문제인데요.

 A에서 C에 가기 위해서는 5칸 중에 2칸을 세로로 이동해야 하고 C에서 B로 가려면 3칸 중에서 1칸을 세로로 이동해야 하니까, 각각 식 ②와 식 ③으로 구할 수 있겠는데요.

식② $_5C_2 = \dfrac{5 \times 4}{2 \times 1}$
= 10 가지

식③ $_3C_1 = \dfrac{3}{1} = 3$ 가지

 그렇지요. 그것을 그림으로 나타내면 아래의 그림 2와 같아요.

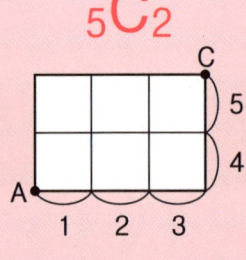

5칸 중 2칸은 세로

3칸 중 1칸은 세로

 그리고 '수형도'를 생각하면 '곱셈'을 해야 하니까 식 ④로 이 문제도 끝.

식④ 10 × 3 = 30 가지 (2)

【해답】
(1) 56 가지   (2) 30 가지

예제 5

오른쪽 그림과 같은 바둑판 모양의 길이 있다. 이때 A지점에서 B지점으로 가기 위한 최단 경로는 모두 몇 가지인지 구하시오.

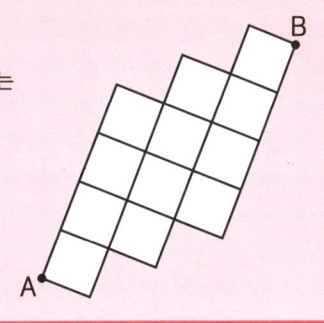

 예제 4와 비슷하지만 계단처럼 살짝 어긋나 있지요.

그림 1

 바둑판 모양의 길이니까 조합 공식을 쓰면 되겠군요! 이렇게 말하고 싶지만……. 오른쪽의 그림 1처럼 최단 거리가 9이고 그 중에 가로로 3칸을 이동해야 한다고 생각하면…….

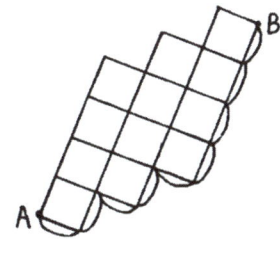

 그렇다면 식 ①이 답일까요?

식 ① $_9C_3 = \dfrac{9 \times 8 \times 7}{3 \times 2 \times 1}$
       $= 84$가지

 아니, 그렇게 간단할 리가 없는데……. 식 ①이 되려면 그림 2처럼 점선 부분의 길이 있어야 하니까 안 되네요. 이걸 어떡해야 하나…….

그림 2

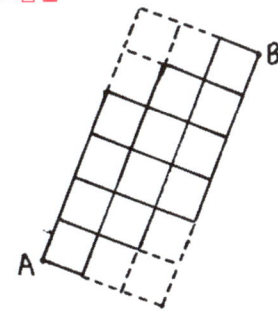

 그렇지요. 식 ①로 풀면 문제의 의미가 달라져 버려요. 그러면 제가 테크닉을 하나 소개해 드릴게요. 이 테크닉은 예제 4에서도 물론 쓸 수 있지만 예제 5처럼 계산만으로는 답을 구하기 어려운 문제에서 아주 큰 효과를 발휘하지요.

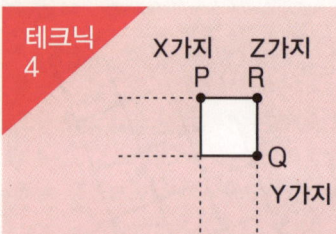

테크닉 4

왼쪽 그림에서
시작 지점 ➡ P지점 … X가지
시작 지점 ➡ Q지점 … Y가지
일 때,
시작 지점 ➡ R지점 … (X+Y)가지

Z가지 = X가지 + Y가지

 고등학교 때 배운 '벡터'와 비슷한데요?

 기본적인 개념은 같아요. 특정 꼭짓점에 이르기 직전에 있는 꼭짓점들을 모두 더하기만 하면 그만이지요. 그러면 실제로 써 볼까요?

그림 3

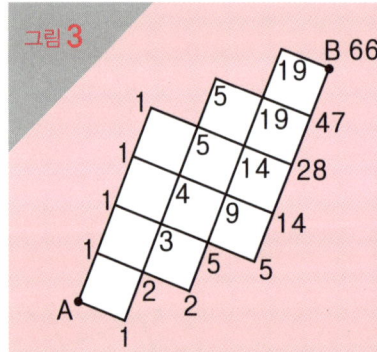

시작 지점은 A지점

각 꼭짓점에 적혀 있는 숫자는 A지점에서 그 꼭짓점에 이르는 최단 경로가 몇 가지인지를 나타낸다. 예를 들어 3이라고 적혀 있는 꼭짓점은 그 직전의 꼭짓점에 적혀 있는 1과 2의 합계입니다. B지점은 19와 47의 합계이므로 답은 66가지.

 A지점부터 순서대로 써 나가면 자연히 B지점에 이르는 '경우의 수'를 알 수 있군요.

 역시 답은 식 ①의 84가지가 아니었어요.

【해답】 66 가지

예제 6

아버지와 어머니, 큰아들, 둘째 아들, 셋째 아들, 이렇게 5인 가족이 서로 손을 잡고 한 줄로 섰다.
아버지와 어머니 사이에 세 아들이 서 있을 때, 그 가짓수는 몇 가지일까?

 이 문제에서 아버지와 어머니는 양쪽 끝에 있어야 해요. 그러니까 '5명이 달리는 순서를 결정하는' 문제와는 조금 다르지요.

 구체적으로 어떻게 해야 하려나?

 '경우를 나눌' 필요가 있어요. 먼저 그림 1과 같은 경우지요.

 이때는 가운데 있는 아들 3명의 순서만 바꾸니까 순열 공식을 써서 식 ①과 같이 구할 수 있겠군요.

 또 하나는 아버지와 어머니의 위치가 바뀌었을 때예요. 그림2와 같은 경우지요.

 이때도 식 ①과 마찬가지로 가운데 있는 아들 3명의 순서만 바꾸니까 식 ②가 되네요.

 이제 식 ③과 같이 더하기만 해 주면 끝인데, 여기에서 6×6으로 '곱셈'을 해 버리는 아이도 있어요.

 그럴 때는 어떻게 가르쳐 줘야 하나요?

그림 1

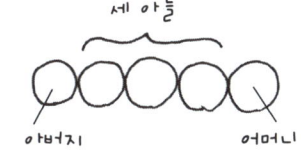

식 ①　$_3P_3 = 3 \times 2 \times 1$
　　　　$= 6$ 가지

그림 2

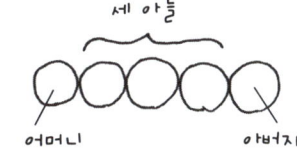

식 ②　$_3P_3 = 3 \times 2 \times 1$
　　　　$= 6$ 가지

식 ③　$6 + 6 = 12$ 가지

【해답】　12 가지

중학교 입시 수학의 맥: 이야기를 만들자!

수학에서는 이야기의 흐름을 떠올리는 일이 중요한데, 이 방법은 '경우의 수'에서도 크게 활약한다. 예를 들어 예제 4의 (2)는 'A에서 C까지 가고, 그곳에서 다시 B까지 간다.'와 같이 이야기가 이어지기 때문에 곱셈을, 그리고 예제 6은 '아버지가 왼쪽에 서고, 아버지가 오른쪽에 선다.'와 같이 이야기가 이어지지 않기 때문에 덧셈을 한다, 라는 식으로 생각할 수 있다.

예제 7

공이 6개 있는데, 그 중 빨간색 공이 한 개, 파란색 공이 2개, 노란색 공이 3개다. 공을 세로로 늘어놓을 때, 배열 방법은 모두 몇 가지가 있을까?
단, 색이 같은 공은 구별되지 않는다.

 공 6개를 늘어놓는 방법인데, 6명으로 이어달리기 팀을 만드는 방법과는 조금 다릅니다.

 같은 공이 여러 개 있으니까……. 구별만 된다면 단순히 공 6개를 늘어놓기만 하면 되니까 식 ①로 끝일 텐데.

 구별되지 않는다는 말은 예를 들면 오른쪽의 그림 1처럼 색이 같으면 똑같은 한 가지로 친다는 뜻이에요.

 그러니까 답은 720가지보다 적겠군요?

식 ① $6 \times 5 \times 4 \times 3 \times 2 \times 1 = 720$가지

그림 1

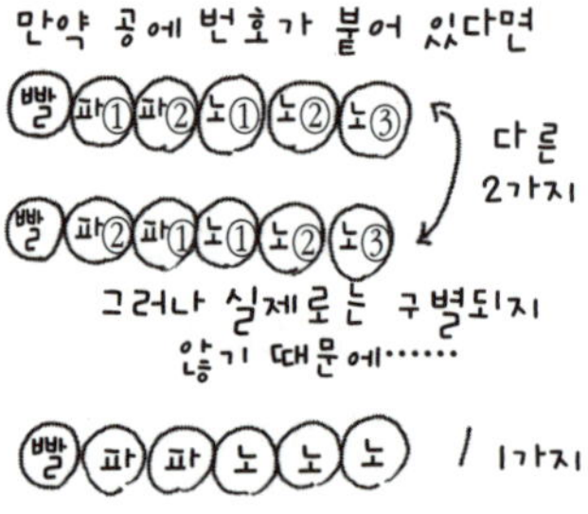

네. 이와 같을 때는 아래의 그림 2를 보면 이해하기 쉬울 거예요.

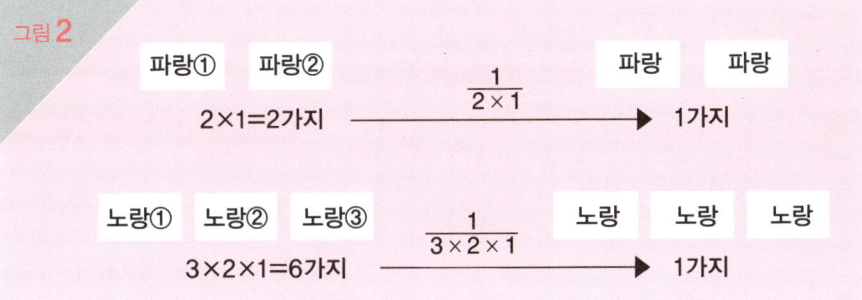

아, 이제 조금 알겠어요! 그러니까 식 ②로 파란색 공끼리 위치가 바뀌는 경우를 제외하고, 여기에 식 ③으로 노란색 공끼리 위치가 바뀌는 경우를 제외하면 답이라는 말이군요!

식 ② $\dfrac{720}{2 \times 1}$ = 360 가지

식 ② $\dfrac{360}{3 \times 2 \times 1}$ = 60 가지

완벽하게 이해하셨네요. ♪ 그러면 테크닉으로 정리해 놓을게요.

테크닉 5

(같은 것이 여러 개 있을 때의 경우의 수) =

$$\dfrac{\text{모두 다를 때의 경우의 수}}{\text{같은 것끼리 위치가 바뀔 때의 경우의 수} \times \text{또 다른 같은 것끼리 위치가 바뀔 때의 경우의 수} \times \cdots\cdots}$$

 따라서 테크닉 5를 사용하면 식 ④와 같이 답이 나오지요.

식 ④ $\dfrac{720}{(3 \times 2 \times 1) \times (2 \times 1)}$
= 60 가지

【해답】 60 가지

과거 입학시험 문제 ▶세이코 학원(수정)

빨간색 동전이 3닢, 파란색 동전이 2닢, 녹색 동전이 한 닢 있다. 단, 이 동전들은 색이 다를 뿐 크기나 모양은 모두 똑같다. 이때 동전 6닢 가운데 4닢을 골라서 4단으로 쌓는 방법은 모두 몇 가지가 있을까?

 이것은 경우를 나누는 문제예요. 상위권 중학교에서 출제되는 '경우의 수' 문제는 대부분 경우를 나눠야 풀 수 있어요.

 그러니까 계산만으로 간단하게 답이 나오는 문제는 거의 없다는 말이군요.

▶▶ 아이들이 자주 하는 말

 아~, 졸려…….

 초등학생은 체력이 약하기 때문에 공부하다가 졸음이 올 때도 많습니다. 이럴 때는 "자면 안 돼!"라고 호통을 치고 싶은 마음을 잠시 억누르고 게임이나 만화 이야기를 해 주면 금방 눈을 번쩍 뜰 것입니다. 게다가 대화도 나눌 수 있으니 일석이조랍니다.

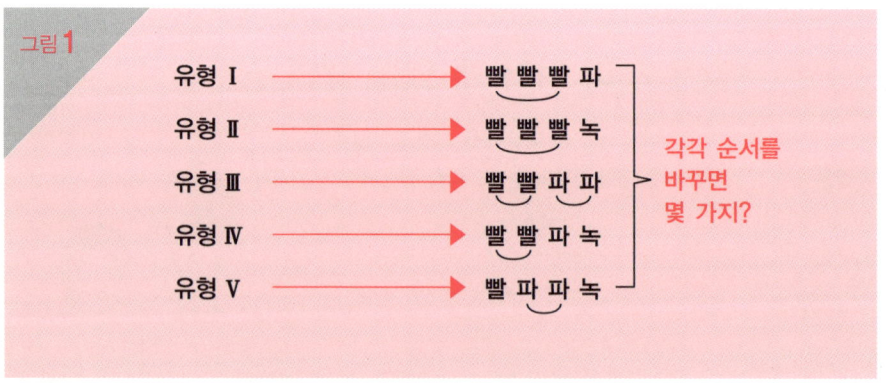

그림1

유형 Ⅰ	→	빨 빨 빨 파
유형 Ⅱ	→	빨 빨 빨 녹
유형 Ⅲ	→	빨 빨 파 파
유형 Ⅳ	→	빨 빨 파 녹
유형 Ⅴ	→	빨 파 파 녹

각각 순서를 바꾸면 몇 가지?

 6닢에서 4닢을 고를 때의 유형을 적어 봤습니다.

유형 I은 테크닉 5를 이용하면 식 ①과 같이 구할 수 있군요. 이거야 계산해 보지 않아도 4가지라는 걸 알 수 있지만.

식 ① $\dfrac{4 \times 3 \times 2 \times 1}{3 \times 2 \times 1}$
    = 4가지

 눈으로 봐서 알 수 있더라도 처음에는 아이에게 계산을 해 보도록 지도해 주세요.

 유형 II에서 V까지도 역시 테크닉 5를 이용하면 식 ②~식 ⑤와 같이 구할 수 있어요.

식 ② $\dfrac{4 \times 3 \times 2 \times 1}{3 \times 2 \times 1}$
    = 4가지

식 ③ $\dfrac{4 \times 3 \times 2 \times 1}{(2 \times 1) \times (2 \times 1)}$
    = 6가지

식 ④ $\dfrac{4 \times 3 \times 2 \times 1}{2 \times 1}$
    = 12가지

이제 유형 I에서 V까지의 '경우의 수'를 모두 더하면 끝이니까 마지막 식은 식 ⑥이지요.

식 ⑤ $\dfrac{4 \times 3 \times 2 \times 1}{2 \times 1}$
    = 12가지

식 ⑥ $4 + 4 + 6 + 12 + 12$
    = 38가지

【해답】 38가지

정리 평가 6 ▶ 경우의 수

'경우의 수'에서는 '조합'과 '순열'의 차이를 확실히 파악하는 일이 최우선 과제입니다. 고등학교에서 배우는 '확률'의 입문 과정으로도 매우 중요한 분야이기 때문에 아이들에게 정성껏 가르쳐 주시기 바랍니다. 또 '경우의 수'는 수학이지만 사실 '국어 실력'도 필요합니다. 문장을 조금만 바꾸어도 난이도가 높아질 수 있기 때문에 4학년이나 5학년 아이들은 조금 어려워할지도 모릅니다. 그러나 '경우의 수'는 다른 분야와 관련이 적은 분야이므로 걱정하실 필요는 없습니다. 6학년쯤 되어서 '국어 실력'이 안정된 다음에 배우기 시작해도 늦지 않다고 생각합니다.

CATEGORY

II
실천편

도형

응용문제와 함께 중학교 입시 수학에서 자주 출제된다. 응용문제에 비해 문제에 나오는 문장의 양이 적지만 그 대신 몇 가지 수치가 들어 있는 그림이 준비된다. 입학시험 특유의 테크닉도 많으며, 그런 테크닉을 몸에 익히고 많은 문제를 풀어 봄으로써 '확실하게 기억하게 하는' 학습 방법이 효과적이다.

TRY AGAIN!

STEP 7
평면 도형

여기에서는 평면 도형 중에서도 가장 일반적이고 중학교 입학시험에 자주 나오는 삼각형과 사각형의 넓이와 넓이의 비를 다룬다. 일반적으로 아이들이 어려워하는 '보조선 사용법'과 '비를 이용해 넓이를 구하는 방법'에 익숙해지도록 하자!

STEP 7
평면 도형

 지금부터 도형 편을 시작하겠습니다. 도형 편에서는 평면 도형과 입체 도형, 두 가지만 다루지만 매우 중요한 분야니까 내용을 충실히 이해해 주셨으면 해요.

 그러고 보니 사다리꼴의 넓이를 구하는 공식이 뭐였더라…….

기본 중의 기본

	주된 도형의 종류	넓이 공식
삼각형	삼각형	(밑변)×(높이)÷2 정삼각형·이등변 삼각형·직각 삼각형·직각 이등변 삼각형 등의 넓이 공식은 모두 같다.
사각형	정사각형	(한 변)×(한 변)
	직사각형	(가로)×(세로)
	마름모	(대각선)×(대각선)÷2
	평행 사변형	(밑변)×(높이)
	사다리꼴	{(윗변)+(아랫변)}×(높이)÷2
원	원	(반지름)×(반지름)×(원주율)

144

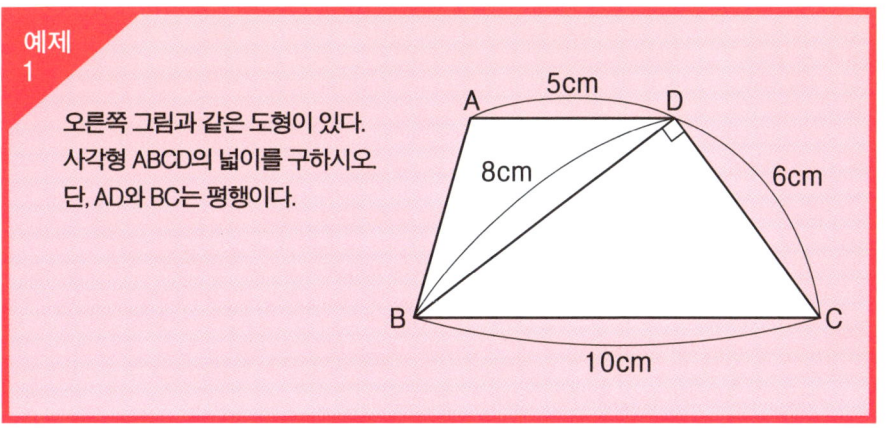

예제 1

오른쪽 그림과 같은 도형이 있다. 사각형 ABCD의 넓이를 구하시오. 단, AD와 BC는 평행이다.

 AD와 BC가 평행이라고 했으니까 사각형 ABCD는 사다리꼴이지요?

 그렇지요. 이미 (아랫변)과 (윗변)의 길이를 알고 있으니까 이제 높이만 알면 넓이를 구할 수 있어요.

 높이를 구해야 한다……. 당연하다면 당연하겠지만 높이는 나와 있지 않군요. 일단 삼각형 BCD의 넓이는 식①로 알 수 있어요.

식① $6\,cm \times 8\,cm \div 2$
      $= 24\,cm^2$

 밑변을 6센티미터라고 생각하면, 직각 삼각형이므로 높이는 8센티미터예요. 식① 대로지요.

 지금 구하려는 높이는 오른쪽의 그림1에 있는 점선 부분이잖아요? 삼각형 BCD의 넓이는 알고 있으니까…….

그림 1

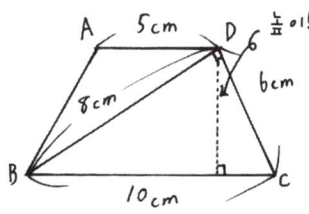

 아, 그런 뜻이었군요. 삼각형 BCD에 대해 이번에는 BC를 밑변으로 생각하면 높이를 알 수 있어요.

네. 따라서 식②로 높이를 구할 수 있어요.

식② $24\,cm^2 \times 2 \div 10\,cm$
     $= 4.8\,cm$

 이제 사다리꼴의 넓이 공식을 쓰기만 하면 되는군요. 이렇게 식③으로 답을 구하면 끝.

식③ $(5\,cm + 10\,cm)$
     $\times 4.8\,cm \div 2$
     $= 36\,cm^2$

 이 문제에서 아이들에게 꼭 가르쳐 주고 싶은 것이 바로 이번에 소개할 테크닉이에요.

테크닉 1   '삼각형의 밑변'은 문제에 따라 스스로 결정한다!

 간단해 보이지만 초등학생들은 의외로 잘 생각해 내지 못한답니다.

【해답】 $36\,cm^2$

예제 2

오른쪽 그림과 같이 큰 정사각형 안에 딱 맞는 크기의 원이 들어 있고, 또 그 안에 딱 맞는 크기의 작은 정사각형이 들어 있다.
작은 정사각형의 넓이가 $32\,cm^2$일 때 큰 정사각형의 한 변의 길이를 구하시오.

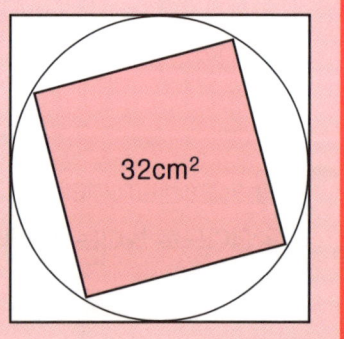

 예제 2는 어떻게 풀어야 할까요?

 작은 정사각형이 조금 묘한 각도로 기울어져 있는걸요? 입학 시험에서 주어지는 정보는 항상 반듯하다는 인상을 주는데 이런 식으로 약간 꼬인 듯이 나오니까 왠지 겁이 나는군요. 하하.

그래도 기울기가 몇 도냐고 묻는 문제는 아니니까 다행이지요.

먼저 작은 정사각형은 **그림 1**과 같은 식이니까 한 변의 길이는 $4\sqrt{2}$ 센티미터가 되는군요.

그림 1

(한 변) × (한 변) = 32
라는 것은!?
(한 변) = $\sqrt{32}$ = $4\sqrt{2}$
잘못된 계산은 아니지만……

물론 잘못된 계산은 아니지만, 그건 초등학생들이 따라 하기에는 무리가 있어요.

역시 그렇겠죠? 하하.

그래도 작은 정사각형의 한 변의 루트가 되니, 구할 필요가 없다는 것만은 분명해졌네요.

그러면 이제 어떻게 한다…….

그림 2

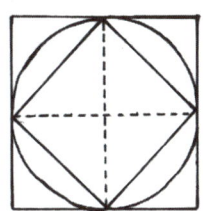

작은 정사각형을 **그림 2**와 같이 조금만 돌려 보면 어떨까요?

오오, 그렇군요! 작은 정사각형의 대각선과 큰 정사각형의 한 변의 길이가 똑같았군요.

네, 바로 그거예요. 즉 작은 정사각형의 대각선의 길이만 알면 그것이 답이지요.

정사각형의 대각선을 어떻게 구해야 할까…….

이 부분은 상당히 중요하니까 테크닉으로 등장시킬게요.

테크닉 2 '정사각형'은 '마름모'이기도 하다

 듣고 보니 맞는 말이군요. 그러니까 식①과 같이 구할 수 있다는 뜻이지요?

식① 32 cm²
  = (대각선) × (대각선) ÷ 2

즉 식②와 같이 되므로 같은 것을 두 번 곱해 64가 되는 수를 찾으면 되지요.

식② 64 cm²
  = (대각선) × (대각선)

 식③에 따라 8센티미터가 답이고, 결국 큰 정사각형의 넓이는 작은 정사각형의 두 배였다는 말이군요.

식③ 64 cm²
  = 8 cm × 8 cm

 그림3을 보시면 아시겠지만, 대각선을 구하지 않아도 큰 정사각형의 넓이를 먼저 구할 수 있어요.

그림3

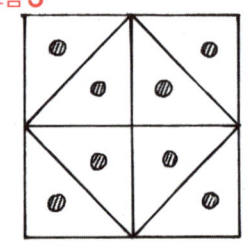

●1개는 8cm²
따라서 큰 정사각형은
8cm² × 8=64cm²

 하지만 테크닉 2를 알아 둬서 손해 볼 일은 없겠어요. 아니, 기억해 놓는 게 좋겠는데요.

정사각형은 사각형 중에서도 아주 드문 형태예요. 네 변의 길이가 모두 같고 네 모서리의 각이 모두 직각이어야 하니까요. '마름모'의 특별한 형태가 '정사각형'이라고나 할까요?

【해답】 8 cm

예제 3

AB가 12센티미터, BC가 16센티미터인 직사각형 ABCD가 있다.
이 직사각형의 대각선 AC를 한 변으로 삼고 점 D를 지나는 직사각형 ACFE를 만든다.
마찬가지로 직사각형 ACFE의 대각선 EC를 한 변으로 삼고 점 F를 지나는 직사각형 ECHG를 만든다.
이 직사각형 ECHG의 넓이를 구하시오.

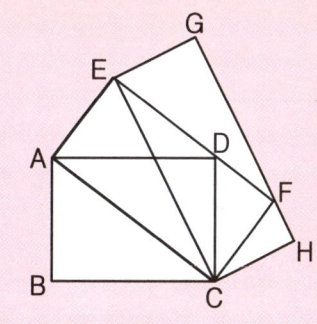

 도형 문제인데 문제까지 기니까 복잡한 걸요.

 게다가 문제가 긴 것치고는 주어진 수치 정보가 부족해요.

 먼저 식①로 직사각형 ABCD의 넓이를 구할 수 있겠네요. 하지만 그렇다고 해도 AC나 CF의 길이는 알 수가 없으니 원.

식① $12\,cm \times 16\,cm = 192\,cm^2$

 같은 조작이 두 번 반복되니까 먼저 첫 번째 조작에서 넓이가 어떻게 되는지 생각해 보도록 하지요. 오른쪽의 그림1을 봐 주세요.

그림 1

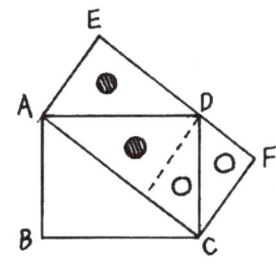

 아, 그렇군요. 삼각형 ACD는 ●○이고 직사각형 ACFE는 ●●○○니까, 직사각형 ACFE의 넓이는 삼각형 ACD의 2배가 되네요.

 그 말은 즉…….

 결국 직사각형 ACFE의 넓이는 직사각형 ABCD의 넓이와 같다는 뜻 아닌가요?

그러면 이제 두 번째 조작을 그림 2에 그려 보지요.

그림 2

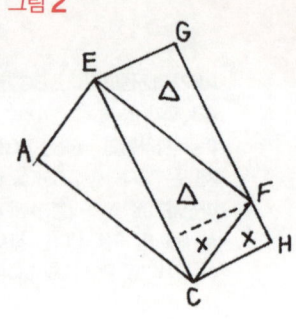

 이것도 아까와 같군요. 직사각형 ECHG의 넓이가 직사각형 ACFE와 같고, 직사각형 ACFE의 넓이는 직사각형 ABCD의 넓이와 같으니까, 직사각형 ECHG와 직사각형 ABCD의 넓이는 똑같군요.

 따라서 답은 192cm²입니다.

 EC와 CH의 길이를 몰라도 넓이를 구할 수 있다는 게 정말 신기하군요.

| 테크닉 3 | 수치 정보가 적을 때 ➡ '등적 변형'을 눈여겨볼 것! |

'등적 변형' …… 넓이는 똑같고 모양만 바뀌는 것.

 넓이 구하는 법을 배우기 시작한 초등학생들은 오로지 길이만 구하려고 하지요. 하지만 시야를 좀 더 넓혀 문제를 바라볼 필요가 있을 때도 많아요.

 그러고 보니 예제 2의 그림 3도 어쩐지 등적 변화와 비슷하다는 느낌이 드는군요.

 그렇지요.

【해답】 192cm²

예제 4

아래 그림에서 가, 나, 다의 넓이의 비를 구하시오. 단, AB와 CD는 평행이다.

```
A ———4cm——— 8cm ——————— B
       가       다
           나
C ———————— 6cm ———————— D
```

 이번에는 넓이의 비를 구하는 문제입니다.

 높이는 나와 있지 않군요. 하지만 전부 높이가 똑같으니까······.

 아, 아버님, 잠깐만요. 그건 제가 테크닉으로 소개하려고 했는데. 하하.

테크닉 4

높이가 같을 때

'밑변의 길이의 비' = '넓이의 비'

밑변의 길이가 같을 때

'높이의 비' = '넓이의 비'

 그렇군요. 따라서 식①로 답을 알 수 있어요.

식① 4 cm : 6 cm : 8 cm
　　 = 2 : 3 : 4

 이것은 '도형 문제'에서 아주 중요한 개념이니까 꼭 기억해 두셔야 해요.

하지만 이걸 몰라도 그냥 높이를 10센티 미터라고 임의로 정해서 식②~식④로 넓이를 구한 다음에 식⑤와 같이 넓이의 비를 구하는 방법도 있잖아요?

 실제로 대입해 보는 것도 중요하니까, 테크닉을 가르칠 때 그와 같이 높이를 정해 주면 아이들도 쉽게 이해할 수 있을 거예요.

식② (가의 넓이)
 = 4 cm × 10 cm ÷ 2
 = 20 cm²

식③ (나의 넓이)
 = 6 cm × 10 cm ÷ 2
 = 30 cm²

식④ (다의 넓이)
 = 8 cm × 10 cm ÷ 2
 = 40 cm²

식⑤ 20 cm² : 30 cm² : 40 cm²
 = 2 : 3 : 4

【해답】 2 : 3 : 4

예제 5 삼각형 ABC의 넓이가 160cm²일 때 삼각형 DBE의 넓이를 구하시오. 단, AD와 DB의 길이의 비는 1 : 3이며, E는 BC의 중점이다.

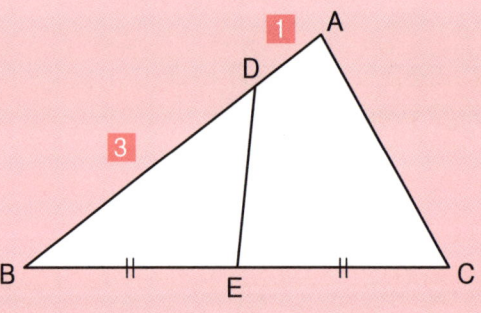

 이건 어떻게 풀어야 하지요? 통 모르겠는 걸……

중학교 입시 수학의 맥 — 보조선을 그리자!

중학교 입시 수학에서는 손을 조금만 대도 실마리가 생기는 문제가 많다. '여행자 계산'의 '수직선'처럼 도형 문제에서는 '보조선'이 해결사 역할을 하는 일이 적지 않다.

이 문제에서는 어떻게 보조선을 그려야 하나요?

 예를 들어 그림1과 같이 그려 보면 어떨까요?

그림1

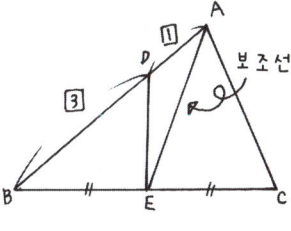

 으음, 그다음에는 어떻게 해야 하나……

 아까 배웠던 테크닉 4가 여기에서 대활약을 하지요. 먼저 삼각형 ACE와 삼각형 ABE만 살펴보도록 할까요? 그림2처럼 말이에요.

그림2

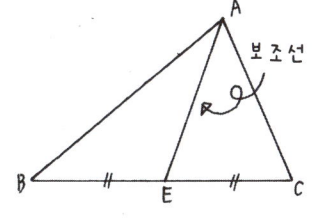

 삼각형 ACE와 ABE는 높이도 같고 밑변의 길이도 같군요. 그러면 넓이도 같으니까 삼각형 ABC는 AE에 이등분되는군요.

 그림2를 보면 절반이 된다는 것은 금방 알 수 있지요. 보조선을 그리는 것도 아주 중요하지만, 쓸데없는 선을 지우는 것도 비결이에요.

 식①로 삼각형 ACE와 ABE의 넓이는 금방 구했네요.

식① $160\ cm^2 \times \dfrac{1}{2}$
   $= 80\ cm^2$

 다음에는 삼각형 ABE만을 생각해 보도록 하지요. 이때는 그림3과 같이 AB가 밑변이 되도록 돌려서 그리면 높이가 똑같다는 것을 알 수 있어요.

그림3

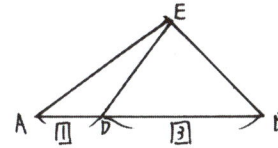

 이것으로 삼각형 EAD와 EBD의 넓이의 비가 1 : 3이라는 것을 알았군요. 높이가 같으니까 밑변의 비가 넓이의 비가 되는 거지요.

삼각형 ABE의 넓이는 식①로 80cm²라는 것을 알았으니까, 이것을 그림4와 같이 1:3으로 비례 배분한 '3' 쪽이 삼각형 DBE의 넓이가 되지요. 따라서 식②로 이 문제도 끝이에요.

식② $80\,cm^2 \times \dfrac{3}{1+3}$
$= 60\,cm^2$

그림4

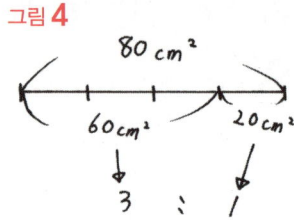

 구하고 싶은 부분 외에는 계속 없애 버리는 방법이군요.

 이제 이 문제를 좀 더 빨리 풀기 위한 테크닉을 소개할게요.

테크닉 5

아래의 그림과 같을 때, 빗금 친 부분의 넓이는 전체 넓이의 $\dfrac{B}{A} \times \dfrac{D}{C}$ 배가 된다.

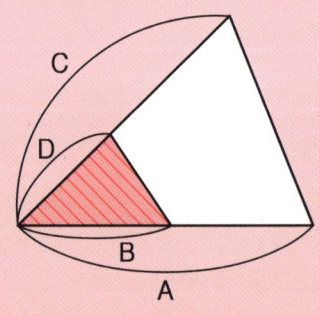

 그러니까 예제 5에서는 식③으로 단번에 구할 수 있지요.

식③ $160\,cm^2 \times \left(\dfrac{1}{2} \times \dfrac{3}{4}\right)$
$= 60\,cm^2$

【해답】 $60\,cm^2$

예제 6

아래의 그림에서 삼각형 ABC의 넓이가 180cm²일 때 빗금 친 부분의 넓이를 구하시오.

 테크닉 5를 확인하는 의미에서 문제를 내 봤습니다.

 이것은 삼각형 ABC의 넓이에서 주위의 삼각형 3개의 넓이를 빼면 되겠군요.

 그림1과 같이 삼각형에 알기 쉽게 이름을 붙여 보지요.

 이 문제에서는 '보조선'을 그려서 생각하기가 쉽지 않군요. 아이들은 '보조선'을 어디에 그려야 할지 혼란스러워할 것 같은데요.

 그러면 테크닉 5와 같이 알기 쉽게 그림2를 그려 보지요.

그림1

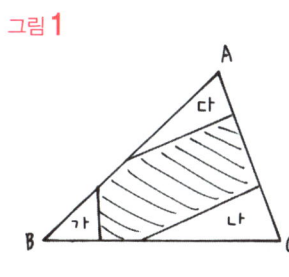

그림 2

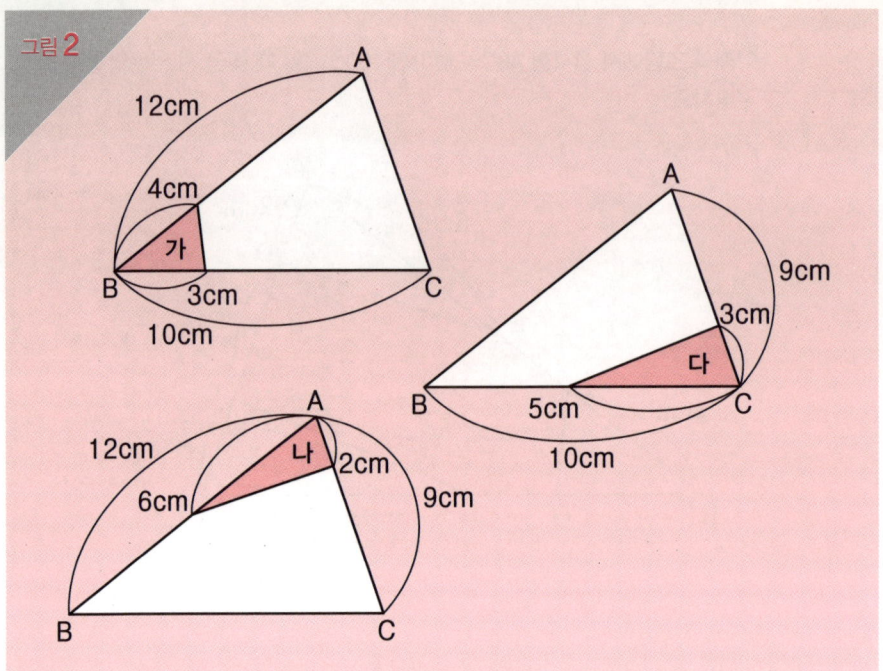

 먼저 '가'의 넓이를 구해 볼까요? 식①에 따라 '가'는 전체의 $\frac{1}{10}$이니까 식②로 $18cm^2$임을 알 수 있어요. 마찬가지로 식 ③~식 ⑥을 이용하면 '나'의 넓이는 $30cm^2$, '다'의 넓이는 $20cm^2$가 되는군요.

 이제 '가', '나', '다'를 삼각형 ABC에서 빼면 되니까, 식 ⑦로 답을 알 수 있어요.

식① $\frac{4}{12} \times \frac{3}{10} = \frac{1}{10}$

식② $180 cm^2 \times \frac{1}{10}$
$= 18 cm^2$

식③ $\frac{5}{10} \times \frac{3}{9} = \frac{1}{6}$

식④ $180 cm^2 \times \frac{1}{6}$
$= 30 cm^2$

식⑤ $\frac{6}{12} \times \frac{2}{9} = \frac{1}{9}$

식⑥ $180 cm^2 \times \frac{1}{9}$
$= 20 cm^2$

식⑦ $180 - (18 + 30 + 20)$
$= 112 cm^2$

【해답】 $112 cm^2$

과거 입학시험 문제 ▶니시야마토 학원

아래 그림에서 정사각형 ABCD의 넓이를 구하시오.

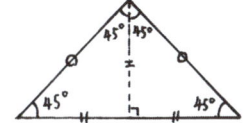

 직각 이등변 삼각형이 보이네요. 그림1에 직각 이등변 삼각형의 성질을 써 놓았습니다.

 이 문제에서는 일단 '보조선'이 문제를 푸는 열쇠예요. 수학 올림피아드에서도 비슷한 문제가 나온 적이 있지요.

 정사각형의 넓이라고 하니까 테크닉 2가 떠오르는군요. 혹시 '보조선'이 대각선 아닌가요?

 핵심을 찌르셨네요. 제가 아주 좋아하는 문제라 좀 더 고민하시기를 기대했는데……. 하하.

 일단 그림2처럼 두 가지를 생각할 수 있 겠어요.

그림 1

직각 이등변 삼각형을 위의 그림과 같이 반으로 자르면 직각 이등변 삼각형이 2개가 된 다!

▶▶ 아이들이 자주 하는 말

 어디에 '보조선'을 그려야 할지 하나도 모르겠어…….

 특히 '보조선'을 그리는 데 익숙해질 필요가 있습니다. 먼저 기본적인 문제를 많이 풀어 보는 것이 대단히 중요합니다.

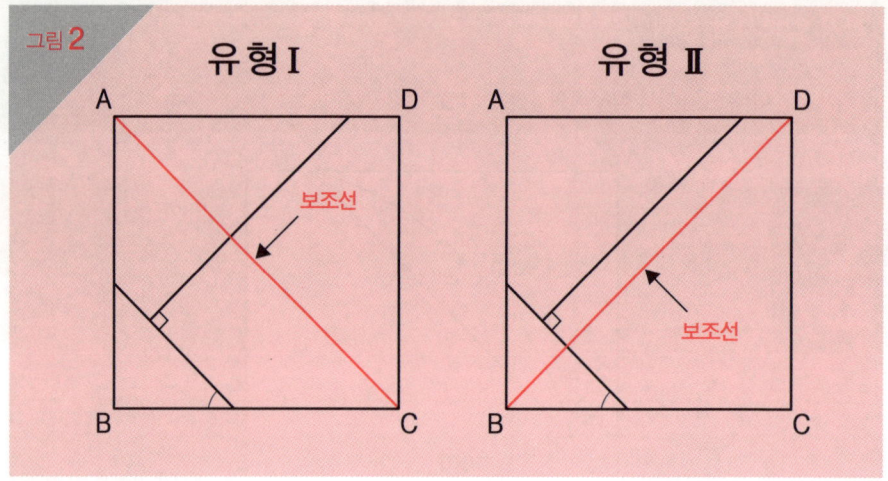

 대각선은 하나만 알면 되니까 두 개를 그림 하나에 그려 넣지 않은 것은 올바른 선택이에요.

 그런데 어느 쪽으로 푸는 게 좋을까요?

 새로운 정보가 조금이라도 많이 나와 있는 쪽을 쓰면 어떨까요? 유형 II에서 오른쪽 그림3과 같이 G에서 BD에 수직으로 선을 그으면 길이를 여러 개 알 수 있어요.

 직각 이등변 삼각형이니까 이런 식으로 길이를 알 수 있군요. BF가 4센티미터고 FH가 19센티미터니까 둘을 더하면 BH는 23센티미터. 이제 얼마 안 남았네요.

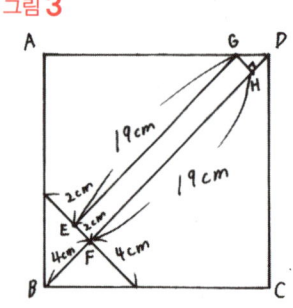

식① BF + FH ➡

4 cm + 19 cm = 23 cm

그림 4를 봐 주세요. 꼭짓점 D 근처를 확대해 그린 것인데, 얼마 안 남은 부분의 길이를 알 수 있어요.

 HD가 2센티미터니까 대각선의 길이는 식②에 따라 25센티미터라는 말인가요?

 이제 식③을 풀면 답이 나오지요.

 수학 올림피아드에서도 비슷한 문제가 나온 적이 있다고 했지요? 재미있어 보이는데 다른 문제에도 도전해 볼까요?

 서점에 가시면 수학 올림피아드 관련 책이 몇 권 있어요. 아이들한테는 어렵겠지만 아버님께서는 한번쯤 풀어 보셨으면 합니다. 굉장히 어려운 문제도 있지만요, 하하.

그림 4

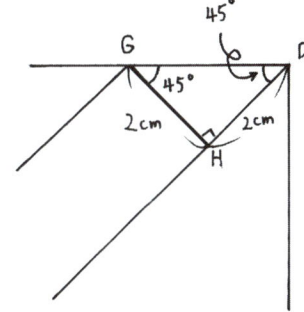

식②   BH + HD ➡
      23 cm + 2 cm = 25 cm

식③   25 cm × 25 cm ÷ 2
      = 312.5 cm^2

【해답】   312.5 cm^2

정리 평가 7 ▶ 평면 도형

'보조선' 사용법에 조금은 익숙해지셨습니까? '보조선'을 어디에 그릴지 알게 되면 매우 유용하지만, 처음에는 그것을 알아내기가 쉽지 않을 것입니다. 아이들에게는 '어디에든 좋으니 보조선을 자꾸 그려 보는' 버릇을 들이게 하십시오.
'보조선'을 그리는 비결을 정리하자면, 1) 평행선, 2) 수직선, 3) 꼭짓점을 잇는 선, 4) 직선의 연장, 5) 대칭점 잡기 등을 생각할 수 있습니다.

MEMO

STEP 8
입체 도형

YOU GOT IT!

'입체 도형'에서는 가로, 세로, 높이를 파악해 '부피'를 구하거나, 전개도에서 '겉넓이'를 효율적으로 구하는 방법을 소개하고자 한다. 또 '원뿔' 등 '~뿔'도 다루었다.
과거 입학시험 문제에서는 요즘 유행하는 '비'를 이용한 '부피' 문제에도 도전해 보기로 하자.

STEP 8 입체 도형

 '입체'라는 개념을 제대로 이해하지 못하는 아이들이 많아요.

 어째서 그럴까요?

 2차원과 3차원을 구별하지 못해서가 아닐까 싶네요.

기본 중의 기본

'○○기둥'의 부피 …… (밑넓이)×(높이)

※ 정육면체, 직육면체(사각기둥), 삼각기둥, 오각기둥, 원기둥 등

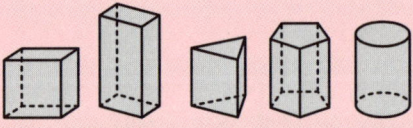

'○○뿔'의 부피 …… (밑넓이)×(높이)÷3

※ 삼각뿔, 사각뿔, 오각뿔, 원뿔 등

입체 도형의 겉넓이(표면적) …… 전개도의 넓이

예)

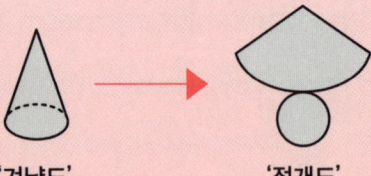

'겨냥도'   '전개도'

| 예제 1 | 오른쪽 그림과 같은 직육면체가 있다. 이 직육면체에 대해 다음 물음에 답하시오. |

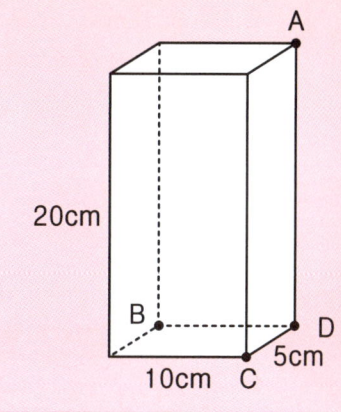

(1) 직육면체의 부피를 구하시오.
(2) 직육면체의 겉넓이를 구하시오.
(3) 직육면체를 A, B, C를 지나는 평면으로 자를 때 점 D 쪽의 입체의 부피를 구하시오.

 (1)은 기본적인 문제지요. 하하.

 식①이면 끝이군요. 이건 아이들한테도 너무 쉽겠어요.

식① $5\,cm \times 10\,cm \times 20\,cm$
$= 1000\,cm^3$ (1)

 네. 부피를 구하는 공식을 외우기만 하면 되니까요. 다만 처음에는 '입체 도형'과 '평면 도형'의 차이를 분명하게 이해하지 못하는 아이가 많으니까, 상자와 종이를 준비해서 그 차이점을 보여 주는 것도 중요해요.

 (2)는 '겉넓이'를 구하는 문제군요. 이건 보이는 부분의 넓이의 합계니까, 여섯 면의 넓이를 각각 구해서 더하면 되겠어요.

 네, 그렇지요. 하지만 여기에서는 직육면체를 전개도로 펼친 다음에 '겉넓이'를 구해 보도록 할게요. 그림1을 봐 주세요.

그림 1

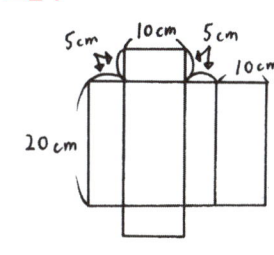

 으음. 분명히 전개도군요. 그런데 이렇게 하는 것이 풀기 편한가요? 결국 똑같다는 생각이 드는데.

그림2를 봐 주세요. 이렇게 옆면을 하나의 직사각형으로 생각하면 계산이 편해지지요.

그림2

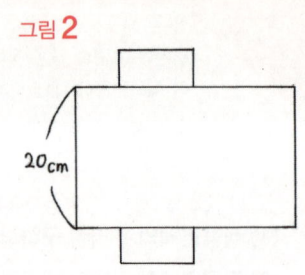

| 테크닉 1 | '기둥' 모양 입체의 옆면을 하나의 '직사각형'으로 생각한다 |

 무슨 말인지 알겠어요. 옆면의 도형은 모두 높이가 같으니까 그렇게 생각할 수 있겠군요.

 네. 먼저 식②로 아랫면과 윗면의 넓이의 합계를 알 수 있어요.

식②   5 cm × 10 cm × 2
     = 100 cm²

 그다음에는 옆면을 구해야 하는데, 그림 1을 보면 세로가 20센티미터고 가로가 식③으로 30센티미터니까 넓이는 식④에 따라 600cm²군요.

식③   5 cm + 10 cm + 5 cm
     + 10 cm = 30 cm

식④   30 cm × 20 cm
     = 600 cm²

 이제 식②와 식④의 결과를 더하면 되니까, 답은 식⑤로 구할 수 있어요.

식⑤   100 cm² + 600 cm²
     = 700 cm² (2)

 (3)은 오른쪽 그림 3과 같이 자르면 되는 거지요?

그림3

 네. 점 D를 포함한 입체는 삼각뿔이지요. 점 A, B, C를 이어 보면 직육면체가 어떻게 나뉘는지 금방 알 수 있어요.

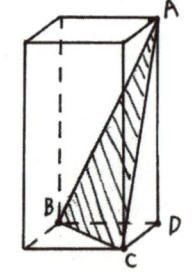

아랫면은 직각 삼각형이니까 식⑥으로 밑넓이를 구할 수 있고 밑넓이를 알았으니 식⑦과 같이 높이를 곱하고 3으로 나누면 되겠군요.

식⑥   5 cm × 10 cm ÷ 2
= 25 cm^2

식⑦   25 cm^2 × 20 cm ÷ 3
= $\frac{500}{3}$ = 166$\frac{2}{3}$ cm^3 (3)

【해답】
(1) 1000 cm^3 (2) 700 cm^2
(3) 166$\frac{2}{3}$ cm^3

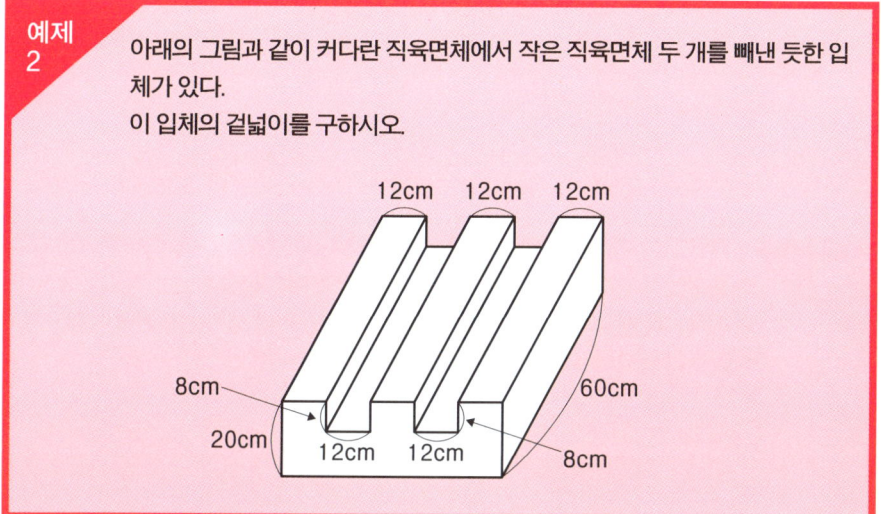

예제 2 아래의 그림과 같이 커다란 직육면체에서 작은 직육면체 두 개를 빼낸 듯한 입체가 있다.
이 입체의 겉넓이를 구하시오.

 전개도를 아래의 그림1처럼 그려 보지요.

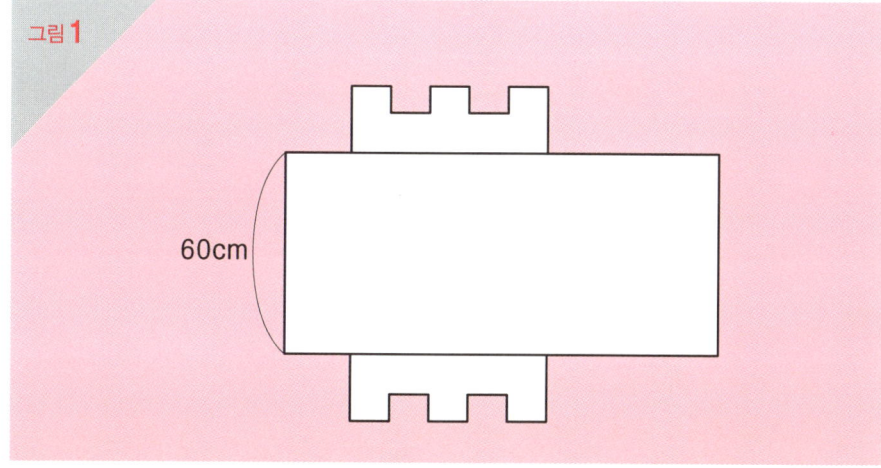

그림1

그러면 먼저 옆면의 가로 길이를 식①로 구할 수 있어요. 세로는 60센티미터니까 옆넓이는 식②로 구할 수 있지요.

 아랫면과 윗면은 각각 넓이가 식③이니까 2배를 해서 식④가 되겠군요.

 이제 식⑤로 이 값들을 더하면 답이 나오지요.

식① $20 \times 2 + 12 \times 5 \times 2 + 8 \times 4 = 192$ cm

식② $60 \times 192 = 11520$ cm^2

식③ $20 \times 60 - 8 \times 12 \times 2 = 1008$ cm^2

식④ $1008 \times 2 = 2016$ cm^2

식⑤ $11520 + 2016 = 13536$ cm^2

【해답】 13536 cm^2

예제 3

아래의 그림과 같이 겉넓이가 1728cm^{2}인 정육면체가 있다. 이 정육면체를 점 A, B, C를 지나도록 똑바로 잘랐을 때 생기는 단면에 대해 다음 물음에 답하시오. 단, 점 A, B, C는 각 변의 중점이다.

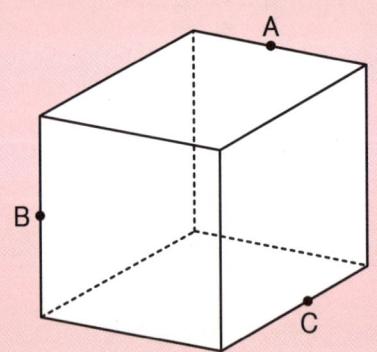

(1) 단면의 모양은 무엇인가?
(2) 단면의 둘레의 길이를 구하시오.

 이 문제, 특히 (1)은 자주 출제됩니다. 재미있는 문제인데, 풀어 본 경험이 없으면 조금 어려울 수도 있어요. 아버님은 감이 잡히시나요?

어라? 아주 간단한 문제라고 생각했는데, 그게 아닌가요? 그림 1과 같이 되지 않나요?

그림 1
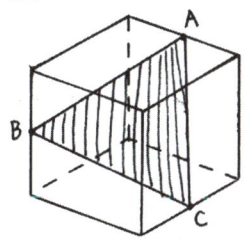

 언뜻 보면 그림 1처럼 정삼각형이 될 것 같지만 사실 단면은 그렇지 않아요.

 그러면 어떤 모양이 되지요?

 이럴 때는 무 같은 것을 정육면체로 잘라서 그걸 싹둑 잘라 보면 알기 쉽지요. 조금 아깝기는 하지만. 하하.

중학교 입시 수학의 맥 — 직감에 의존하지 않도록 주의!

'아마도 이건 이렇게 될 테니까……'와 같이 직감에 의존하는 것은 위험하다. 특히 아이의 직감은 틀릴 때가 많다. 이는 바꾸어 말하자면 그러한 직감의 '허점을 찌르는' 문제라고 할 수 있다.

 그 방법도 괜찮겠는걸요?

 그림 2를 봐 주세요. 이렇게 된답니다.

그림 2
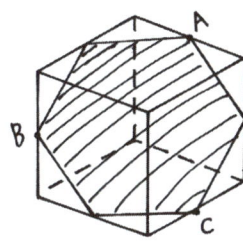

 오오, 육각형이 되네요?

 점 A, B, C를 지나도록 자르면 이런 식으로 육각형이 되지요.

 그러면 (1)의 답은 육각형이라고 하면 되겠지요?

아니, 잠깐만요. 점 A, B, C는 모두 각 변의 중점이라고 했으니까 **그림 3**을 보면 알 수 있듯이 각 변의 길이는 모두 같습니다.

그림 3

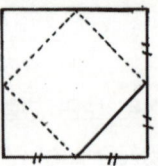

 그 말은 답이 정육각형이라는 뜻이군요?

 그렇지요. 그러면 (2)로 넘어갈게요. 이건 어떻게 풀어야 할까요? 단면이 정육각형이니까 한 변의 길이를 알면 그 길이를 6으로 곱하면 되는데.

 식①로 정육면체의 정사각형 하나의 넓이를 알 수 있으니까······.

식① $1728\ cm^2 \div 6$
$= 288\ cm^2$

 STEP7 평면 도형에 똑같은 문제가 있었지요?

 아, 생각났어요.♪ 분명히 **그림 4**와 같이 되니까 가운데 있는 작은 정사각형의 넓이는 큰 정사각형의 절반이지요.

그림 4

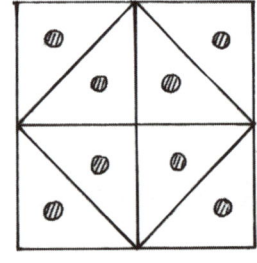

 완벽하게 이해하셨네요.

 따라서 **식②**로 작은 정사각형의 넓이는 $144 cm^2$니까, **식③**으로 알 수 있듯이 한 변의 길이는 12센티미터군요.

식② $288\ cm^2 \div 2 = 144\ cm^2$

식③ $144\ cm^2$
$= 12\ cm \times 12\ cm$

 그렇지요. 그리고 단면은 정육각형이니까 **식④**로 이 문제는 모두 끝입니다.

식④ $12\ cm \times 6 =$ **72 cm** (2)

【해답】
(1) **정육각형** (2) **72 cm**

예제 4

아래의 그림과 같은 원뿔이 있다.
이때 다음 물음에 답하시오. 단, 원주율은 3.14로 한다.

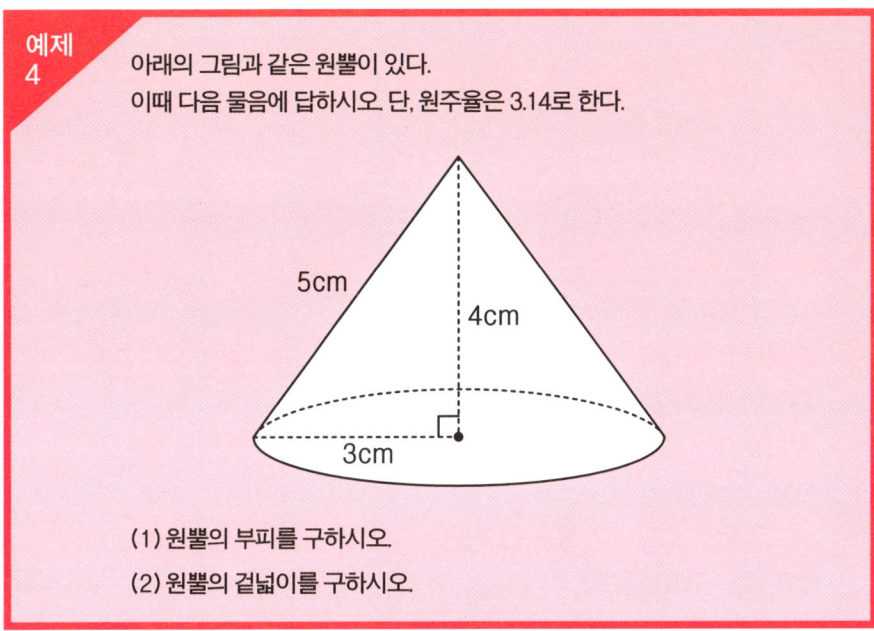

(1) 원뿔의 부피를 구하시오.
(2) 원뿔의 겉넓이를 구하시오.

 (1)은 3으로 나눈다는 것만 잊지 않으면 간단히 풀 수 있어요. 식①로 밑넓이를 구할 수 있으니까 식②로 답이 나오지요.

 (2)는 겉넓이인데, 먼저 전개도는 그림 1과 같이 되겠군요.

 네, 맞아요. 실제로는 부채꼴의 중심각이 좀 더 크지만, 지금 단계에서는 아직 중심각이 몇 도인지 모르니까 이런 식의 그림이라는 것만 파악해 두면 됩니다.

 그런데 중심각은 어떻게 구하는 걸까요?

 테크닉으로 소개할게요.

식① $3\,cm \times 3\,cm \times 3.14$
     $= 28.26\,cm^2$

식② $28.26\,cm^2 \times 4\,cm \div 3$
     $= 37.68\,cm^3$ (1)

그림 1

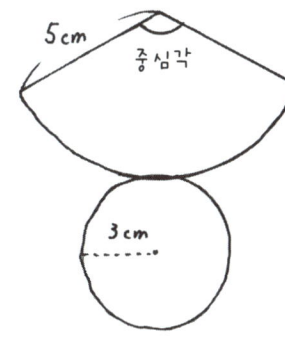

테크닉 2

$$\frac{반지름}{모선} = \frac{중심각}{360°}$$

※ 반지름 = 아랫면 원의 반지름
※ 모선 = 옆면 부채꼴의 반지름

 그렇다면 식③과 식④에 따라 옆면의 부채꼴의 중심각이 216도라는 것을 알 수 있군요.

식③ $\frac{3cm}{5cm} = \frac{중심각}{360°}$

식④ $360° \times \frac{3}{5} = 216°$

 네, 그래요. 그러니까 실제 전개도는 그림 2와 같은 모양이지요.

그림 2

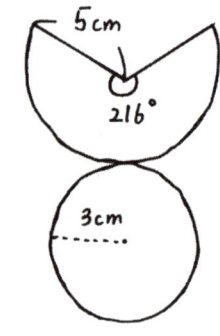

 이미 식①로 밑넓이를 알았으니까 이제 옆넓이만 구하면 되겠군요.

 그렇지요. 옆넓이는 식⑤로 구할 수 있어요.

식⑤ $5\,cm \times 5\,cm \times 3.14$
$\frac{216°}{360°} = 47.1\,cm^2$

 식⑥으로 더하면 이 문제도 끝이군요. 그런데 여기에서 중심각을 구할 필요가 있었나요? $\frac{216도}{360도}$가 $\frac{반지름}{모선}$과 같으니까 $\frac{3센티미터}{5센티미터}$만 있으면 옆넓이도 구할 수 있는데요.

식⑥ $28.26\,cm^2 + 47.1\,cm^2$
$= 75.36\,cm^2$ (2)

 네, 맞아요. 저는 아이들을 가르칠 때 되도록이면 중심각을 구하게 하지만, 시험을 볼 때는 중심각을 구하지 않고 넓이를 구하는 것이 좋지요.

【해답】
(1) $37.68\,cm^3$ (2) $75.36\,cm^2$

예제 5

아래의 그림과 같이 직육면체인 그릇 A와 입체 B가 있고 A에는 높이 15센티미터까지 물이 차 있다. 이때 정사각형을 아랫면으로 입체 B를 A의 안에 넣으면 물의 높이는 몇 센티미터가 될까?

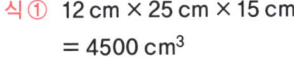

 먼저 그릇 A에 들어 있는 물의 부피를 구해 보지요. 이것은 식①로 쉽게 구할 수 있어요.

식① $12\,cm \times 25\,cm \times 15\,cm = 4500\,cm^3$

 입체 B를 그릇 A에 넣으면 물속에 들어간 만큼 물의 높이가 높아지니까······.

입체 B가 완전히 바닥에 닿았을 때의 상태를 생각해 보면 이해하기 쉽지요. 그러니까 그림1과 같은 상태일 때를 생각해 보는 거예요.

그림1

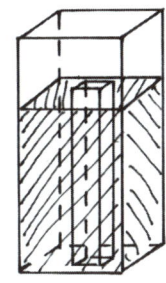

 대략 이런 식이 되는군요.

 이때 물이 들어 있는 부분의 밑넓이는 얼마일까요?

위에서 보면 **그림 2**처럼 되니까 **식②**로 구하면 밑넓이는 200cm²군요.

물의 양은 달라지지 않으니까 **식③**으로 답을 구할 수 있어요.

밑넓이가 어떻게 되는지를 생각하면 나머지는 간단한 문제였어요.

그림 2

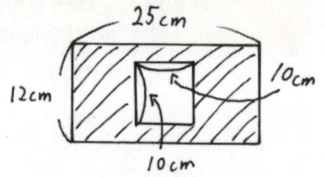

식②   25 cm × 12 cm
      − 10 cm × 10 cm
      = 200 cm²

식③   4500 cm³ ÷ 200 cm²
      = 22.5 cm

【해답】   22.5 cm

과거 입학시험 문제

▶ 오사카 세이코 학원

높이가 20센티미터인 원기둥 모양의 그릇 A에 물이 12센티미터 높이로 들어 있다. 이 안에 높이 15센티미터인 원기둥 모양의 그릇 B를 아래의 그림과 같이 넣었더니, 그릇 A의 물의 높이가 18센티미터일 때 그릇 B에 물이 들어갔다. 이때 다음 물음에 답하시오. 단, 그릇의 두께는 생각하지 않는다.

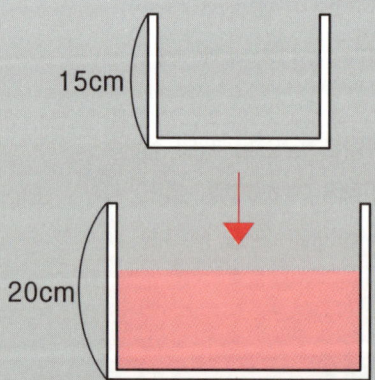

(1) 그릇 A와 그릇 B의 밑넓이의 비를 가장 간단한 정수의 비로 나타내시오.
(2) 그릇 B를 그릇 A의 바닥에 닿을 때까지 넣으면 그릇 B에 들어간 물의 높이는 몇 센티미터가 될까?

우리가 아는 정보라고는 물과 그릇의 '높이' 밖에 없어요.

 그렇군요. 이걸 어떻게 풀어야 하나……

 일단 그릇 B에 물이 들어가기 시작할 때는 그림1과 같은 상태겠지요.

 이보다 더 깊이 들어가면 물이 그릇 B 안으로 들어가기 시작하겠어요.

 그러면 다음에는 그릇 B를 놓지 않은 상태와 그림1의 상태를 비교해 보도록 하지요.

그림1
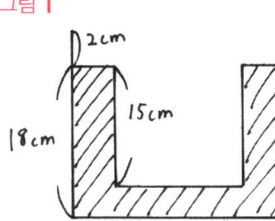

그림2
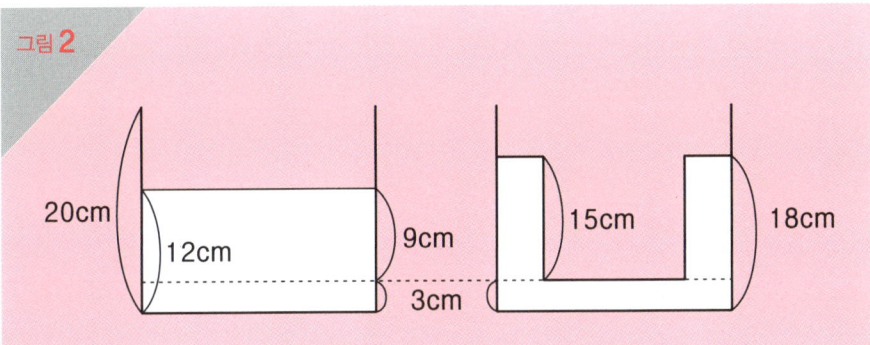

 이제 그림2에서 '다른 부분' 만을 생각해 보도록 할게요. '같은 부분' 은 생각하지 않는 것이 요령입니다.

그러니까 그릇 A의 바닥에서 3센티미터 높이까지는 그릇 B를 넣기 전이나 넣은 다음이나 똑같으니까 생각하지 않는다는 말인가요?

 네. 바닥에서 3센티미터보다 높은 부분만을 생각할게요. 여기에서 A의 밑넓이를 (A밑), B의 밑넓이를 (B밑)이라고 하면 식①이 성립해요.

 상태는 달라도 물의 양은 똑같으니까요.

 식 ①을 비의 형식으로 고치면 식②가 되지요.

 식③과 같이 생각하면 B의 밑넓이는 6이고 A의 밑넓이는 15니까 식④로 5 : 2라는 걸 알 수 있겠군.

 이제 (2)를 풀어 보지요. 이것은 그림 3과 같은 식으로 나타낼 수 있어요.

 (A밑)을 5라고 생각하면 처음에 물의 높이가 12센티미터였으니까 물의 양은 식⑤에 따라 60이군요.

 그림 3에서 A와 B 사이에 낀 부분에 들어 있는 물의 양은 식⑥에 따라 45니까 식⑦로 B에 들어 있는 물의 양을 알 수 있지요.

 (B밑)은 2니까 식⑧로 높이를 알 수 있고요.

▶▶ 아이들이 자주 하는 말

 그림을 잘 못 그리겠어요.

 어떤 그림이든 예쁘게 그릴 필요는 없습니다. 그보다는 빨리 그리는 것이 중요합니다. 자를 대고 그리는 것은 바람직하지 않습니다.

식① (A밑) × 9 cm
    = {(A밑) − (B밑)} × 15 cm

식② (A밑) : {(A밑) − (B밑)} = 15 : 9

식③ (B밑) = 15 − 9 = 6

식④ (A밑) : (B밑) = 15 : 6
    = 5 : 2 (1)

그림 3

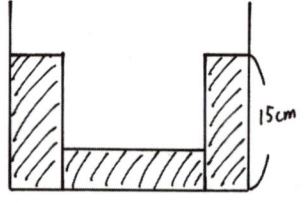

식⑤ 5 × 12 = 60

식⑥ (5 − 2) × 15 = 45

식⑦ 60 − 45 = 15

식⑧ 15 ÷ 2 = 7.5 cm (2)

【해답】
(1) 5 : 2 (2) 7.5 cm

정리 평가 8 ▶ 입체 도형

수고하셨습니다. '입체 도형'의 기본 문제는 어떤 입체가 주어지고 '부피'나 '겉넓이'를 구하는 식입니다. 그리고 조금 응용하게 되면 '물'이 등장합니다. '부피'나 '겉넓이'는 각각의 길이를 정확히 알 수 있다면 쉽게 풀리지만, '물'이 등장하는 문제에서는 길이가 주어지지 않고 '비'를 이용해 풀어야 하니까 아이들에게는 어려울 수 있습니다. 수학 전체의 기초 실력을 쌓은 단계에서 '물'이 등장하는 응용문제에 익숙해지는 것이 바람직합니다.

CATEGORY

III
실 천 편

수와 계산

배수, 약수 등을 이용해 알쏭달쏭한 수의 성질을 공부한다. 응용문제와 달리 입학시험 특유의 테크닉과 지식이 없으면 풀 수 있는 방법이 없다고 해도 과언이 아니다. 계산 문제에서는 복잡하게 사칙 연산이 섞여 있는 문제도 다루지만, 귀찮은 계산을 해야 할 때도 빠르게 답을 구할 수 있는 방법을 소개한다.

STEP **9**

HANG IN THERE!

수의 성질

이 장에서는 '배수'와 '약수', '나머지' 등에 대해 공부한다. 1부터 100까지의 정수 중에 정수 X의 배수는 몇 개일까? 그리고 여기에 '나머지'의 조건이 달렸을 때는 어떻게 처리해야 할까? 또 분수를 정수로 만들려면 어떻게 해야 할까? 등 기본적이며 자주 나오는 예제와 함께 테크닉을 소개한다.

STEP 9 수의 성질

 도형 문제도 끝마쳤으니 이제부터는 '수의 성질'을 공부하겠습니다.

 이것도 입학시험에 자주 나오나요?

 자주 나오지요. 개중에는 말도 못 하게 어려운 문제도 있어요.

기본 중의 기본

합 ▶ 두 수를 더한 것
예) 3과 6의 합은 3+6으로 9

차 ▶ 큰 수에서 작은 수를 뺀 것
예) 7과 9의 차는 9−7로 2

곱 ▶ 두 수를 곱한 것
예) 4와 13의 곱은 4×13으로 52

몫과 나머지 예) 35÷8=4…3 ▶ 이때 4가 '몫'이고 3이 '나머지'

배수 ▶ 어느 수를 정수배한 것

약수 ▶ 어느 정수를 나누어떨어지게 하는 정수

※ 단, '나누어떨어지다.'는 '몫'이 정수임을 뜻한다.

공배수 ▶ 둘 이상의 정수의 배수 중 공통되는 수

공약수 ▶ 둘 이상의 정수의 약수 중 공통되는 수

최소 공배수 ▶ 공배수 중에서 가장 작은 수

최대 공약수 ▶ 공약수 중에서 가장 큰 수

예제 1

다음 물음에 답하시오.

(1) 1에서 100까지의 정수를 모두 더하면 몇이 될까?

(2) 1에서 1000까지의 정수 중에 짝수만을 모두 더하면 몇이 될까?

1에서 100까지 전부 더한다? 물론 계산해 보면 알겠지만 너무 많은데요…….

그러면 천재 수학자인 가우스가 어렸을 때 고안했다고 전해지는 계산 방법을 소개할게요.

테크닉 1

{(처음 수) + (마지막 수)} × (수의 개수) ÷ 2 = (합계)

※단, 1+2+3, 2+4+6과 같이 각 수의 차가 똑같을 때만 적용할 수 있다.

오오, 이 식으로 합계를 알 수 있다니! 그러니까 식①로 먼저 (처음 수)인 1과 (마지막 수)인 100을 더하는 것이군요?

식① 1 + 100 = 101

그렇지요. 그리고 (수의 개수)는 물론 100개니까 식②로 계산하면 돼요.

식② 101 × 100 ÷ 2
= 5050 (1)

이야, 정말 빠른걸요? 그런데 어떻게 이 테크닉을 쓸 수 있는 거지요?

다음 페이지의 그림1을 봐 주세요.

그림 1

```
    1+  2+  3+············+ 99+100
+ 100+ 99+ 98+············+  2+  1      ◀순서를 거꾸로 적는다!
─────────────────────────────────
  101+101+101+············+101+101=101×100개
```

101×100은 1+2+3······+100과 100+99+······2+1을 더한 것이므로 2로 나눈다!

 그런 이치였군요.

 (2)는 짝수만을 더하는 것인데, 어떻게 풀어야 할까요?

 짝수만이라면 (처음 수)는 2고 (마지막 수)는 1000이니까 먼저 식③으로 두 수의 합계를 구해야죠?

식③ 2 + 1000 = 1002

 잘 아시네요. 그러면 다음은 (수의 개수)를 알아봐야겠지요?

 1에서 1000 중에 짝수는 딱 절반인 500개니까 나머지 계산은 식④처럼 하면 정답!

식④ 1002 × 500 ÷ 2
       = 250500 (2)

 아이가 가우스의 계산 방법을 꼭 외우도록 지도해 주세요.

【해답】
(1) 5050   (2) 250500

예제 2 1에서 100까지의 정수에 대해 다음 물음에 답하시오.
(1) 3으로 나누어떨어지는 정수는 몇 개일까?
(2) 4로 나누어떨어지는 정수는 몇 개일까?
(3) 3으로도 4로도 나누어떨어지는 정수는 몇 개일까?
(4) 3으로는 나누어떨어지지만 4로는 나누어떨어지지 않는 정수는 몇 개일까?
(5) 4로는 나누어떨어지지만 3으로는 나누어떨어지지 않는 정수는 몇 개일까?
(6) 3 또는 4로 나누어떨어지는 정수는 몇 개일까?
(7) 3으로도 4로도 나누어떨어지지 않는 정수는 몇 개일까?

문제가 좀 많은데, 일단 하나하나 풀어 나가도록 하지요.

 예제 1의 (1)에서도 그랬지만, 먼저 처음에는 일일이 손으로 세어 봐도 되겠지요?

 아이들에게는 처음에 손을 써서 여러 가지를 생각해 보도록 하는 것이 좋아요. 테크닉은 그다음에 가르쳐 주는 편이 낫지요.

 그렇군요. 그러면 (1)을 푸는 테크닉은 뭐죠?

테크닉 2 '배수의 수'는 '나눗셈'으로!

 '3으로 나누어떨어진다.'라는 말은 바꿔 말하면 '3의 배수'라는 뜻이에요. 즉 (1)과 같은 문제는 식①로 간단히 구할 수 있지요. '나머지'는 신경 쓰지 않아도 돼요.

식① $100 \div 3 = 33$ 개 (1) ⋯1

 그러면 (2)는 식②로 구할 수 있겠군요?

식② $100 \div 4 = 25$ 개 (2)

 그럼 (3)은 어떻게 해야 할까요?

 '3으로도 4로도 나누어떨어진다.'라는 건 그러니까 '3과 4의 공배수'라는 뜻이겠지요?

 그렇지요. 가장 작은 공배수는 식③과 같이 12니까, 나머지는 식④로 알 수 있어요.

식③
(3과 4의 최소 공배수) = 12
식④ $100 \div 12 = 8$ 개 (3)

하지만 (4)부터는 머리가 막 복잡해지는걸.

 그림으로 나타내면 이해하기 쉬울 거예요. 아래의 그림1을 봐 주세요. 이런 그림을 벤 다이어그램이라고 불러요. 이것도 테크닉의 하나지요.

테크닉 3 겹치는 부분이 있을 때는 벤 다이어그램으로 해결한다!

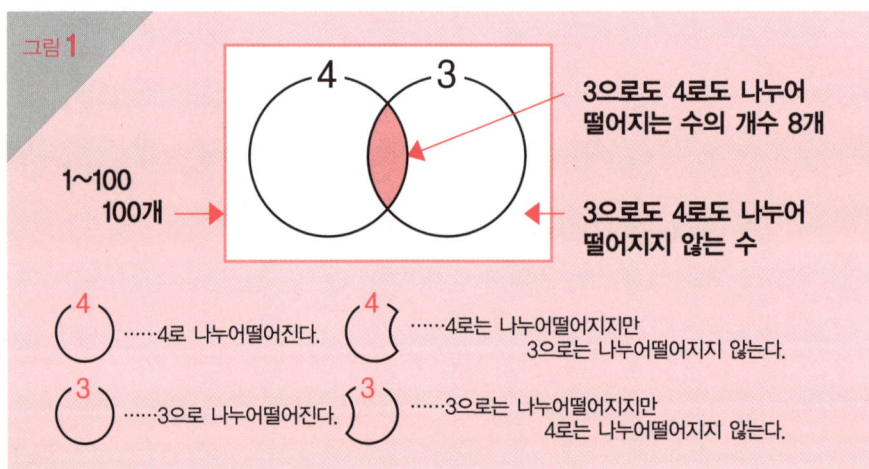

 이렇게 그림을 그리니까 알기 쉽군요.

 이런 문제에는 꼭 벤 다이어그램이 필요해요.

 그럼 (4)는 식⑤, (5)는 식⑥과 같이 하면 되겠지요?

식⑤ 33개 − 8개 = 25개 (4)
식⑥ 25개 − 8개 = 17개 (5)

 (6)은 옆으로 누운 눈사람 모양을 한 부분이니까 식⑦이지요.

식⑦ 25개 + 17개 + 8개
   = 50개 (6)

(7)은 나머지 부분이니까 식⑧처럼 풀면 모두 끝. ♪

식⑧ 100 개 − 50 개
　　　= 50 개 (7)

 언뜻 보기에는 귀찮은 문제 같지만 해결사인 '벤 다이어그램'을 꼭 기억해 주세요.

【해답】
(1) 33개 (2) 25개 (3) 8개
(4) 25개 (5) 17개 (6) 50개
(7) 50개

예제 3

745를 어떤 정수 X로 나눴을 때 나머지가 25가 되었다.
X로 생각할 수 있는 정수 가운데 가장 작은 수를 구하시오.

 '몫'과 '나머지'의 관계를 이해하기 위한 문제예요. 아이들은 자주 틀리지요.

 아주 간단한 문제 같은데……. 평범하게 생각하면 식①과 같이 되겠지요?

식① 　745 ÷ X = 몫…25

 그렇지요. 여기까지는 계산의 기본을 몸에 익힌 아이라면 할 수 있겠지만…….

 먼저 식②로 720을 구할 수 있고 이건 즉 식③이라는 뜻이니까 X는 720의 약수 중 어떤 수가 되겠군요.

식② 　745 − 25 = 720
식③ 　720 = X × 몫

 그러면 720의 약수를 모두 써 볼게요. 아래의 그림1을 봐 주세요.

그림1

1, 2, 3, 4, 5, 6, 8, 9, 10, 12, 15, 16, 18, 20, 24, 30, 36, 40, 45, 48, 60, 72, 80, 90, 120, 144, 180, 240, 360, 720

720의 약수 중에서 가장 작은 수는 그림 1에 따르면 1이니까……라고 생각하는 실수를 많이 하지요.

 아, 그렇구나. 나머지가 25니까 X는 25보다 커야 한다는 사실을 잊고 있었어요.

테크닉 4

□÷X일 때
나누는 수 X는 나머지보다 크다는 사실을 잊지 말자!

 만약에 '나누는 수 X'가 '나머지'보다 작다면 □ 안에 X가 적어도 하나 이상 들어 있을 수 있다는 뜻이니까 계산 실수지요. 예를 들면 오른쪽의 그림2와 같은 상황이에요.

 한번쯤은 실수하는 것도 아이에게는 좋은 경험이 될 것 같군요.

 이 문제에서는 그림1의 약수 중 25보다 큰 수 가운데서 가장 작은 수를 고르면 되니까 답은 30이에요.

그림2

예)
4는 5보다 작다
$125 \div 4 = 30 \cdots 5$
↓ 올바른 계산은
$125 \div 4 = 31 \cdots 1$

【해답】 30

| 예제 4 | 5로 나눴을 때 4가 남는 정수에 대해 다음 물음에 답하시오.
(1) 1부터 100까지의 정수 중에 이러한 정수는 몇 개가 있는가?
(2) 100부터 300까지의 정수 중에 이러한 정수는 몇 개가 있는가? |

 이번에는 단순히 5의 배수가 아니라 4가 남는 정수군요.

 그림1을 봐 주세요. 즉 '5로 나누면 4가 남는 정수'라는 말은 '5의 배수에 4를 더한 정수'라는 뜻이에요. 이것도 테크닉으로 정리해 놓을게요. 예를 들어 보지요.

그림1

| 테크닉 5 | 'A로 나누면 B가 남는 정수' = 'A의 배수 + B' |

 우선 식①과 같이 5의 배수가 몇 개 있는지 구해 봤어요.

식① 100 ÷ 5 = 20개

1부터 100까지의 정수 중에 가장 큰 5의 배수는 100이에요. 하지만 식②와 같이 '나머지'를 더하면 104가 되어 버리지요. 그러니까 100은 탈락이에요. 따라서 식③에 따라 19개임을 알 수 있어요.

식② 100 + 4 = 104

식③ 20개 − 1개 = 19개 (1)

 그럼 (2)는 식④~식⑥과 같이 먼저 1부터 300까지의 정수 중에 몇 개가 있는지를 생각하면 될까요?

식④ 300 ÷ 5 = 60개
식⑤ 300 + 4 = 304
식⑥ 60개 − 1개 = 59개

잘하셨어요. 이제 식⑦과 같이 (1)의 결과를 빼 주면 답을 구할 수 있어요.

식⑦ 59개 – 19개
　　 = 40개 (2)

【해답】
(1) 19개　(2) 40개

| 예제 5 | 5로 나누면 3이 남고 9로 나누면 7이 남는 정수 가운데 200에 가장 가까운 정수를 구하시오. |

 으음, 점점 복잡해지는데요.

 이런 문제는 한 번이라도 풀어 본 경험이 없으면 아이들이 겁부터 먹게 되지요.

 아, 정말 어떻게 풀어야 하지…….

 이 문제를 풀 때도 테크닉이 중요합니다.

테크닉 6 : 나누는 수와 나머지의 차가 같다는 사실에 주목하자!

 식①과 식②를 보면 아시겠지만, 분명히 '차'가 같아요.

식① 5 – 3 = 2
식② 9 – 7 = 2

 그게 무슨 의미가 있지요?

 그러니까 '나누어지는 정수'보다 2가 더 크다면 5로도 9로도 나누어떨어진다는 뜻이지요.

그거야 그렇지요. 그래서요?

 식③~식⑥을 보면 200에 가까우면서 5와 9로 나누어떨어지는 정수는 225와 180을 생각할 수 있어요. 두 정수는 '2가 더 크다면'이라고 가정한 것이지요.

식③
(5와 9의 최소 공배수) = 45
식④ 200 ÷ 45 = 4 … 20
식⑤ 45 × 5 = 225
식⑥ 45 × 4 = 180

 그 말은 이 수보다 2가 작아야 하니까 식⑦과 식⑧처럼 된다는 뜻이군요? 따라서 200에 가장 가까운 수는 178이 되네요.

식⑦ 225 − 2 = 223
식⑧ 180 − 2 = 178

【해답】 178

예제 6

어느 분수 X에 $1\frac{3}{5}$을 곱해도, $1\frac{1}{11}$을 곱해도 그 곱이 모두 1보다 큰 정수가 된다.
이와 같은 분수 X라고 생각할 수 있는 분수 중에서 가장 작은 것을 구하시오.

 먼저 식①과 식②처럼 고치는 편이 생각하기 쉽겠군요.

식① $1\frac{3}{5} = \frac{8}{5}$
식② $1\frac{1}{11} = \frac{12}{11}$

 그렇습니다. 그러면 이제 어떻게 해야 할까요?

 정수가 되어야 한다? 그렇다면 분모인 5와 11을 없애면 되지 않을까요? 식③으로 구한 55를 이용해서…….

식③ (5와 11의 최소 공배수) = 55

좋은 방법이에요. 하지만 분자도 어떻게 든 해 주면 더 좋지요. 그러면 테크닉을 하나 소개할게요.

테크닉 7

몇 개의 분수를 정수로 만드는 가장 작은 분수는

분모의 최소 공배수 / 분자의 최대 공약수

로 구할 수 있다.

 오른쪽의 그림①을 봐 주세요.

그림 1

예를 들어 $\frac{8}{15}$ 과 $\frac{12}{25}$ 라면

15와 25의 최소 공배수 = 75

8과 12의 최대 공약수 = 4

$\frac{8}{15} \times \frac{75}{4} = 10$

$\frac{12}{25} \times \frac{75}{4} = 9$

} 모두 정수!!

 아하, 분명히 이렇게 하면 정수가 되는군 요. 분모에는 '분자의 최대 공약수'가 오니 까 분수 자체는 가장 작은 수가 되는 구나.

 이것도 입학시험에서는 자주 나오는 문제 니까 무조건 외워 두는 것이 좋아요. 다만 이 공식이 왜 성립하는지는 분명히 가르 쳐 주세요.

중학교 입시 수학의 맥 — 가끔씩은 무조건 외우는 것도 방법이다

외우면서 동시에 이해하는 것이 이상적인 학습임은 말할 필요도 없다. 그러나 이해는 경험에 따라 깊어지는 것이기도 하다. 아이에게 설명을 해도 반응이 나쁠 때는 일단 외우게 하고 실 제로 문제를 풀어 보도록 시키는 것이 좋은 방법일 수 있다.

분자의 최대 공약수는 식 ④에서 알 수 있듯이 4예요. 그러니까 식 ⑤와 같이 테크닉을 이용하면 끝이군.

그리고 중요한 것이 있는데, 식 ⑥처럼 답은 대분수로 고치는 것이 원칙이에요. 중학생이 되고 나면 그렇게 안 해도 되기는 하지만.

식 ④
(8과 12의 최대 공약수) = 4

식 ⑤
$\dfrac{5와\ 11의\ 최소\ 공배수}{8과\ 12의\ 최대\ 공약수} = \dfrac{55}{4}$

식 ⑥ $\dfrac{55}{4} = 13\dfrac{3}{4}$

【해답】 $13\dfrac{3}{4}$

과거 입학시험 문제 ▶와세다 실업 중학교

6으로 나누면 1이 남고, 8로 나누면 5가 남고, 13으로 나누면 10이 남는 정수 가운데 1000에 가장 가까운 수를 구하시오.

이번에는 조건이 세 가지나 되네…….

역시 상위권 중학교쯤 되면 조금 비틀어서 문제를 내지요.

그렇군요. 이것도 식 ①~식 ③과 같이 '나누는 수'와 '나머지'의 차를 계산해 봤는데 다 똑같지는 않은걸요.

식 ① 6 - 1 = 5
식 ② 8 - 5 = 3
식 ③ 13 - 10 = 3

▶▶ 아이들이 자주 하는 말

어려워 보이는데……. 적당히 그럴듯한 수를 찾아볼까?

처음에는 답일 것 같은 수를 스스로 찾아보는 것도 나쁘지 않습니다. 조금만 집중하면 찾아낼 수 있는 간단한 문제를 만들어서 아이에게 풀어 보도록 하면 효과적입니다.

네, 그래요. 하지만 일단은 '8로 나누면 5가 남는다.'와 '13으로 나누면 10이 남는다.'의 '차'는 둘 다 3이니까 이것을 축으로 생각해 보도록 하지요.

단번에 해결하려고 하지 말고 '할 수 있는 것부터 해 나가는' 것이 중요하다는 말이군요. 좋아요, 그럼 시작해 볼까요!

먼저 '8로 나누면 5가 남고, 13으로 나누면 10이 남는 정수' 중에서 1000에 가장 가까운 수를 찾아보지요.

 식④로 최소 공배수는 104라는 걸 알았어요. 그리고 식⑤로 104를 9배하면 1000에 가까운 정수를 구할 수 있군요.

식④
(8과 13의 최소 공배수) = 104

식⑤　1000 ÷ 104 = 9 … 64

 그러면 이러한 정수들을 실제로 써 보면서 생각하도록 하지요. 아래의 그림1을 봐 주세요.

그림1

104 × 8	104 × 9	104 × 10	104 × 11
=	=	=	=
832	936	1040	1144

각각의 수에서 3을 빼면
'8로 나누면 5가 남고, 13으로 나누면 10이 남는' 정수가 된다!!

| 829 | 933 | 1037 | 1141 |

이 중에서 '6으로 나누면 1이 남는' 정수를 찾는다!

 이제 정수 4개를 6으로 나눠 보고 1이 남는 수를 찾으면 돼요.

 이 중에 그런 수가 없을 때는 어떻게 하지요?

 그럴 때는 더 큰 정수나 작은 정수를 찾아 봐야지요. 일단은 확인해 볼게요.

식⑥　829 ÷ 6 = 138 … 1

 식⑥에 따르면 829가 문제의 조건에 알맞군요.

933은 식⑦에 따르면 나머지가 3이니까 답이 아니네요.

식⑦
933 ÷ 6 = 155 ⋯ 3

 식⑧에 따르면 1037도 답이 아니고.

식⑧
1037 ÷ 6 = 172 ⋯ 5

 식⑨를 보니 나머지가 1이네요. 즉, 829와 1141이 1000에 가까운 수에 해당돼요. 이제 둘 중에 어느 쪽이 1000에 더 가까운지 알아보면 되겠네요.

식⑨
1141 ÷ 6 = 190 ⋯ 1

 식⑩과 식⑪을 보면 1141이 1000에 더 가깝군요. 그러니까 답은 1141이에요.

식⑩
1000 − 829 = 171

식⑪
1141 − 1000 = 141

【해답】 1141

정리 평가 9 ▶ 수의 성질

이제 '수의 성질'에 대해 이해하셨습니까? 단순한 숫자라 해도 푸는 데 익숙하지 않으면 어떻게 해야 할지 고민될 것입니다. '여행자 계산'이나 '소금물'과 같은 응용문제와는 달리 문제에 이야기성이 없기 때문에, 이렇게 너무나 '수학'다운 점이 아이들에게 재미없게 느껴질 수 있습니다. 그러나 '수의 성질'은 모든 분야의 밑바탕에 깔려 있는 기반이므로 소홀히 넘어가면 안 됩니다. '수학' 전반의 기초 실력을 상승시키는 데 빼놓을 수 없는 분야이므로 공부한 내용을 잊지 않도록 정기적으로 복습하도록 해 주시기 바랍니다.

MEMO

PERFECT!

STEP 10
계산 문제

이 장에서는 중학교 입학시험에 자주 나오는 '계산 문제'와
알아 두면 다른 분야에서 활용할 수 있는 계산 방법을 다룬다.
'덧셈', '뺄셈', '곱셈', '나눗셈'이 섞여 있는 사칙 혼합 문제를 푸는 규칙과
원주율의 연산을 빠르게 계산하는 방법, 머리를 써야 하는 계산 문제를 푸는
법 등을 소개한다.

STEP 10
계산 문제

 자, 이제 드디어 마지막이네요! 마지막을 장식하는 분야는 '계산 문제' 입니다!

 '계산 문제'에도 테크닉이 있나요?

 네, 있어요. 입학시험 수준의 '계산 문제'에는 독특한 문제가 많으니까 아이들도 재미있게 공부할 수 있을 거예요.

기본 중의 기본

▶ **여러 종류의 괄호가 있을 때 계산의 우선순위**

( ) '소괄호' ▶ { } '중괄호' ▶ [ ] '대괄호' ▶ 괄호 없음

▶ **사칙 연산의 우선순위**

'곱셈' · '나눗셈' ▶ '덧셈' · '뺄셈'

▶ **분수의 계산**

덧셈 · 뺄셈 ▶ 통분한다. 예) $\frac{3}{4} - \frac{2}{5} = \frac{15}{20} - \frac{8}{20} = \frac{7}{20}$

곱셈 ▶ 분모는 분모끼리, 분자는 분자끼리 곱한다.

예) $\frac{5}{7} \times \frac{2}{3} = \frac{10}{21}$

나눗셈 ▶ 뒤에 나오는 분수를 역수로 바꿔 곱한다.

예) $\frac{4}{9} \div \frac{5}{3} = \frac{4}{9} \times \frac{3}{5} = \frac{4}{15}$

예제 1

다음 문제를 계산해 답을 구하시오.

$$0 \times 9 \times 8 + 7 + 6 + 5 \times 4 + 3 \div 1 \times 2$$

 기본적인 계산 문제예요. 사칙 연산의 우선순위를 확인한다는 의미에서 내 봤지요. 아버님께는 너무 간단한 문제겠지만 함께 풀어 주세요.

 확실히 어른한테는 간단하군요. 하지만 아이들은 이런 기본적인 계산에 서투를 때가 있단 말이지요.

 그래요. 게다가 간단하고 너무 당연하기 때문에 가르치기가 의외로 힘들어요. 하하.

 으음, 분명히 그런 면도……. 가르칠 때 먼저 그림1처럼 그룹을 나눠 주면 좋지 않을까요?

그림1

$$\underbrace{0 \times 9 \times 8}_{A} + 7 + 6 + \underbrace{5 \times 4}_{B} + \underbrace{3 \div 1 \times 2}_{C}$$

 오, 그거 괜찮은데요? 이젠 하산하셔도 되겠습니다.

 식①에 따라 그룹 A는 0, 식②에 따라 그룹 B는 20, 식③에 따라 그룹 C는 6. 이만큼 준비가 되었으면 나머지를 전부 더하기만 하면 되니까, 답은 39가 되겠지요?

식① $0 \times 9 \times 8 = 0$
식② $5 \times 4 = 20$
식③ $3 \div 1 \times 2 = 6$

그렇지요. 저도 그렇게 가르치면 아무런 문제가 없을 거라고 생각해요. 아니, 생각했지요. 하하.

식④ 0+7+6+20+6
       =39

 응? 갑자기 웬 과거형? 무슨 일이 있었나요?

 0을 곱하면 0이 된다는 사실을 이해하지 못하는 아이들이 꽤 있어요. 예를 들면 '0을 곱하면 1이 된다.' 라고 생각하는 거지요.

 확실히 초등학생은 0에 대한 개념이 희박하죠. 그럼 그건 외우라고 시키기로 하고 다음 문제로 넘어가야겠네요.

 아버님, 잠깐만요. 가장 주의해야 하는 부분은 식 ③이에요.

 아, 그렇군요. 아이들은 오른쪽의 그림 2 처럼 계산할 수 있다는 말이지요?

그림 2

 이것도 조금 억지스럽기는 하지만 테크닉으로 정리해 둬야 안심이 될 것 같네요.

테크닉 1

같은 그룹 안의 계산은 순서대로 한다

 좋았어요. 그러면 빨리 예제 2로 넘어가죠!

 하하, 이젠 자신감이 넘치십니다.

【해답】 39

예제 2

다음 문제를 계산해 답을 구하시오.

$$1 - \frac{1}{2} \times \left[2.75 - \frac{2}{3} \times \left\{ 1.25 + \left(0.75 + \frac{1}{4} \right) \div \frac{2}{3} \right\} \right]$$

 문제가 이쯤 되면 풀지 못하는 아이도 꽤 나오겠는걸요. 우리 아이는 괜찮으려나? 여러 가지 괄호가 나와서 겁을 집어먹을 것 같군요.

 하지만 조금 전에 아버님께서 하셨던 그룹 나누기는 괄호 덕분에 이미 되어 있다고 생각할 수도 있지요.

그러면 식①~식⑦처럼 괄호 안에 있는 그룹부터 계산해 나가면 되겠군요.

식① $0.75 + \frac{1}{4}$
$= 0.75 + 0.25 = 1$

식② $1 \div \frac{2}{3}$
$= 1 \times \frac{3}{2} = \frac{3}{2}$

식③ $1.25 + \frac{3}{2}$
$= 1.25 + 1.5 = 2.75$

식④ $\frac{2}{3} \times 2.75$
$= \frac{2}{3} \times 2\frac{3}{4} = \frac{11}{6}$

식⑤ $2.75 - \frac{11}{6}$
$= 2\frac{3}{4} - \frac{11}{6} = \frac{11}{12}$

식⑥ $\frac{1}{2} \times \frac{11}{12}$
$= \frac{11}{24}$

식⑦ $1 - \frac{11}{24} = \frac{13}{24}$

아, 벌써 다 계산해 놓으셨네요. 그럼 전 무임승차를……. 하하.

테크닉 2 괄호 안의 그룹부터 계산해 나간다

 계산 문제를 가르칠 때는 억지로라도 규칙(테크닉)을 만들어 주는 편이 아이도 생각하기 편할 것 같은데요.

【해답】 $\frac{13}{24}$

예제 3

다음 문제를 계산해 답을 구하시오

$$0.5 + \left(X \div 2\frac{4}{5} - 1.2\right) \times \frac{2}{5} = 10$$

 '계산 문제'는 사실 입학시험에서는 별로 중요시되지 않지만, 이런 식의 문제가 나오면 계산이 서투른 아이들은 풀지 못해요.

 'X'가 들어 있으니까 꼭 방정식 같군요. 이 문제는 역시 0.5를 오른쪽으로 이항하고……. 이런 방법으로 풀어야 하나요?

아니요. 그렇게 하면 '더하기와 빼기', 그러니까 '음의 개념'을 설명해야 하니까 바람직하지 않다고 생각해요.

 그러면 어떻게 해야 하지요?

 먼저 테크닉을 봐 주세요.

테크닉 3 'X'의 계산은 바깥쪽에서부터 큰 덩어리로 만들어 계산!

 이게 무슨 소리야?

 먼저 식①과 같이 해요. 결국에는 방정식을 푸는 것과 거의 같지만.

식① $0.5 + \square = 10$

 그러면 이것도 이항하나?

 아니요. 오른쪽의 그림1을 봐 주세요. 아이들을 가르치다 보면 이렇게 푸는 모습을 자주 봐요.

그림1

예를 들면 $2 + 3 = 5$ ⎫ 비교
$0.5 + \square = 10$ ⎭ 한다

3은 5−2 니까

$\square$ 는 $10 − 0.5 = 9.5$

 아, 그렇군. 간단한 계산을 해 보고 그 규칙을 □의 계산에 그대로 적용한다 이거군.

 단순하지만 아이들한테는 이해하기 편한 모양이에요.

 그러면 일단 예제 3의 식은 식②와 같이 되는군.

식② $(X \div 2\frac{4}{5} - 1.2)$
$\times \frac{2}{5} = 9.5$

 테크닉 3에 따라서, 되도록 바깥쪽부터 □를 포함한 식을 만들어 나가면 돼요.

다음에는 식③이 되겠군요.

 이것도 아까 봤던 그림1처럼 하면 결국 식④가 되지요.

 그러니까 결국 식⑤가 되고.

 그리고 식⑥에 따라 □=24.95지요.

 이제 같은 방식으로 식⑦과 식⑧을 풀면 끝.

 자, 이런 '계산 문제'는 일단 많은 문제에 도전해 보도록 하는 것이 중요해요.

식③ $\square \times \dfrac{2}{5} = 9.5$

식④ $9.5 \div \dfrac{2}{5}$
$= 9.5 \div 0.4 = 23.75$

식⑤ $X \div 2\dfrac{4}{5} - 1.2$
$= 23.75$

식⑥ $\square - 1.2 = 23.75$

식⑦ $X \div 2\dfrac{4}{5} = 24.95$

식⑧ $X = 24.95 \times 2\dfrac{4}{5}$
$= 24.95 \times 2.8$
$= 69.86$

【해답】 69.86

예제 4

다음 계산을 해서 X와 Y에 해당하는 숫자를 구하시오.
단, 1일은 24시간이다.

$$0.07일 - 0.275시간 - 25\frac{7}{10}분 = X분\ Y초$$

 평범한 '계산 문제'와는 달리 단위가 들어간 문제예요.

 아이들은 이런 문제에 약하겠네요. 소수나 분수로 표시된 시간은 알기 힘들 텐데……

 먼저 식①과 같이 0.07일의 단위를 시간으로 바꿔 볼게요.

식①   0.07일
       = 24시간 × 0.07
       = 1.68시간

 아, 그러면 식②처럼 시간으로 단위가 통일되니까 계산할 수 있겠군요.

식②   1.68 시간 - 0.275 시간
       = 1.405 시간

 마지막은 '~분 ~초'로 되어 있으니까 이번에는 식③과 같이 단위를 분으로 바꿔 줘요. 그리고 분수보다는 소수가 다루기 쉬우므로 식④를 이용해 소수로 바꿔 놓지요.

식③   1.405 시간
       = 60 분 × 1.405
       = 84.3 분

식④ $25\frac{7}{10}$ 분 = 25.7 분

 이제 식⑤로 빼 주기만 하면 되는군요.

식⑤   84.3 분 - 25.7 분
       = 58.6 분

 여기까지 잘 계산해 놓고 58분 6초라고 답을 써 버리는 아이도 꽤 많아요. 식⑥과 같이 분리해서 생각할 수 있도록 꼭 지도해 주세요.

식⑥   58.6 분
       = 58 분(X) + 0.6 분

 그리고 식⑦을 이용하면 Y를 알 수 있네요. 단위 환산을 필요로 하는 문제가 많으니까 꼭 주의해야겠어요.

식⑦   60 초 × 0.6
       = 36 초 (Y)

【해답】
X : 58   Y : 36

예제 5

다음 문제를 계산해 답을 구하시오.

15 × 3.14 + 3.14 × 6 + 4 × 3.14

 이건 완전히 '머리를 써서 계산해라.'라고 말하는 문제인걸.

중학교 입시 수학의 맥 — 조금만 머리를 쓰면 계산이 빨라진다

입학시험에서는 문제와 싸우는 동시에 시간과도 싸워야 한다. 가능한 한 빨리 계산하려면 자주 나오는 '머리를 쓰는 계산 요령'을 아이가 확실히 외우도록 하는 것이 합격의 비결이다.

 세 그룹으로 나누면 식①~식③과 같이 되는군요.

식① 3.14 × 15
식② 3.14 × 6
식③ 3.14 × 4

 식 ①은 3.14가 15개, 식 ②는 3.14가 6개, 식 ③은 3.14가 4개라는 뜻이지요.

 아, 그런 뜻이 되는군요. 그럼 3.14로 묶어서 계산하라는 말인가요?

 그렇지요. 즉 귀찮은 3.14(원주율)의 계산을 식④로 단번에 끝낼 수 있어요.

식④ 3.14 × 25 = 78.5

 그러면 이번에도 테크닉이 등장하겠지요?

네, 맞습니다. 역시 '묶어서 계산한다.'라는 표현이 아이들에게는 이해하기 힘들지요.

| 테크닉 4 | '같은 수'가 몇 개 있지? |

 원주율을 이용하는 계산에서는 이 테크닉이 크게 활약합니다.

【해답】 78.5

| 예제 6 | 다음 문제를 계산하고 답을 구하시오.
$1.2 \times 543 + 12 \times 20.2 + 120 \times 2.55$ |

 예제 5에서 더 발전된 문제입니다. 하지만 조금만 더 생각하면 되지요.

 1.2와 12와 120이니까…….

 숫자 3개에 숨겨진 의미가 있을 것 같은데요.

 그러고 보니, 일단 할 수 있는 것부터 해 나가라고 했지요? 그러면 그룹을 나눠 볼까? 식①~식③과 같은 식이 되는데…….

식①   1.2 × 543
식②   12 × 20.2
식③   120 × 2.55

 1.2와 12와 120이 '같은 수'가 아니라 좀 그렇군요. '같은 수'로 만들어 보지요. 그렇게 만든 것이 식④~식⑥이에요.

식④   12×54.3
식⑤   12×20.2
식⑥   12×25.5

 이거 재미있는걸요? 식 ①은 1.2를 10배 했으니까 반대로 543을 $\frac{1}{10}$로 만들었고, 식 ③은 120을 $\frac{1}{10}$로 만들었으니까 2.55를 10배했어요. 이렇게 하면 계산 결과에는 영향이 없겠군요.

이제 12가 몇 개 있는지 세기만 하면 됩니다. 식⑦로 딱 100개임을 알 수 있지요.

식⑦ 54.3개 + 20.2개 + 25.5개 = 100개

 식⑧은 아이들도 암산으로 할 수 있겠군요. 그러면 테크닉을 소개합니다! 짜잔!

식⑧ 12 × 100개 = 1200

 앗! 제가 할 일을 가로채지 마세요. 하하.

테크닉 5 한쪽을 X배하면 다른 한쪽은 $\frac{1}{X}$배를!

 X의 역수는 '$\frac{1}{X}$'이지요. 여기서 '역수'라는 말도 꼭 기억하게 해 주세요.

예제 7

다음 문제를 계산해 답을 구하시오.

$$\frac{1}{1\times 2} + \frac{1}{2\times 3} + \frac{1}{3\times 4} + \frac{1}{4\times 5} + \frac{1}{5\times 6} + \frac{1}{6\times 7} + \frac{1}{7\times 8} + \frac{1}{8\times 9} + \frac{1}{9\times 10}$$

 이 문제를 풀면 정말 감동할 거예요. 하하.

 이쯤 되면 생각 없이 무작정 계산해서는 안 되겠네⋯⋯. 지금까지는 쉽게 풀었지만 이건 힘들겠는데요.

 이 문제는 분해하는 것이 요령입니다. 그림1을 봐 주세요.

그림1

$$\frac{1}{1\times 2} + \frac{1}{2\times 3} + \frac{1}{3\times 4} + \frac{1}{4\times 5} + \frac{1}{5\times 6} + \frac{1}{6\times 7} + \frac{1}{7\times 8} + \frac{1}{8\times 9} + \frac{1}{9\times 10}$$

$$\left(\frac{1}{1}-\frac{1}{2}\right) \quad \left(\frac{1}{3}-\frac{1}{4}\right) \quad \left(\frac{1}{5}-\frac{1}{6}\right) \quad \left(\frac{1}{7}-\frac{1}{8}\right) \quad \left(\frac{1}{9}-\frac{1}{10}\right)$$

$$\left(\frac{1}{2}-\frac{1}{3}\right) \quad \left(\frac{1}{4}-\frac{1}{5}\right) \quad \left(\frac{1}{6}-\frac{1}{7}\right) \quad \left(\frac{1}{8}-\frac{1}{9}\right)$$

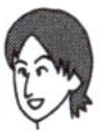

식①과 식②를 보면 그림1이 이해가 되실 거예요.

식① $\frac{1}{1\times 2} = \frac{1}{1} - \frac{1}{2}$

식② $\frac{1}{2\times 3} = \frac{1}{2} - \frac{1}{3}$

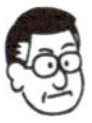

확실히 그렇군요. 그런데 이걸로 계산이 간단해질까요?

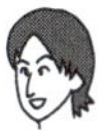

그림1의 아래쪽에 있는 식에서 괄호를 빼 보면 이렇게 되지요.

그림2

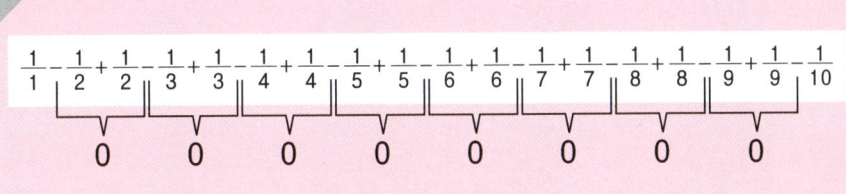

가운데 부분은 전부 0이 되니까 식③만 남지요.

식③ $\frac{1}{1} - \frac{1}{10} = \frac{9}{10}$

 오오! 이거 멋진데요? 그런데 이렇게 깔끔하게 계산할 수 있는 문제가 입학시험에 자주 나올까요?

 사실은 아버님 말씀대로입니다. 학원에 다니는 아이들은 반드시 배우지요. 그러면 이것을 공식으로 만들어 놓을게요.

테크닉 6

$$\frac{1}{A \times B} = \left(\frac{1}{B-A}\right) \times \left(\frac{1}{A} - \frac{1}{B}\right)$$

※단, B는 A보다 큰 수다.

 예제 7에서는 (B-A) 부분이 모두 1이었으므로 생각할 필요가 없었지만, 사실은 이 부분이 중요해요.

 그렇다면 이번에 풀어 볼 과거 입학시험 문제는 (B-A)가 1이 되지 않는 것을 준비했겠군요?

 에이, 설, 설마요……. 그러면 과거 입학시험 문제를 풀어 보도록 하지요.

【해답】 $\frac{9}{10}$

과거 입학시험 문제 ▶오사카 세이코 학원(수정)

다음 문제를 계산해 답을 구하시오.

$$\frac{1}{10 \times 12} + \frac{1}{12 \times 14} + \frac{1}{14 \times 16} + \frac{1}{16 \times 18} + \frac{1}{18 \times 20}$$

거봐요! 제 말이 맞았지요! 하하.

 하하. 들켜 버렸네요. 그럼 간단하게 푸실 수 있겠지요?

 어디 보자! 테크닉 6을 이용하면 아래의 **그림1**과 같이 되니까…….

그림1
$$\left(\frac{1}{12-10}\right)\times\left(\frac{1}{10}-\frac{1}{12}\right)+\left(\frac{1}{14-12}\right)\times\left(\frac{1}{12}-\frac{1}{14}\right)+\cdots$$
$$+\left(\frac{1}{20-18}\right)\times\left(\frac{1}{18}-\frac{1}{20}\right)$$

↓

$$\frac{1}{2}\times\left(\frac{1}{10}-\frac{1}{12}+\frac{1}{12}-\frac{1}{14}+\frac{1}{14}-\cdots-\frac{1}{18}+\frac{1}{18}-\frac{1}{20}\right)$$

 그러니까 남은 건 **식①**이 되는군요.

 딩동댕 정답이에요~.♪

 이제 이런 식의 문제가 나오면 암산으로도 풀 수 있겠어요.

 이런 문제를 보면 수학이 꾸준한 '노력'이 반영되는 과목이라는 것을 실감하게 되지요.

 확실히 그렇군요.

 사실은 이와 같이 분해하면 중간이 모두 0이 된다는 개념이 대학 입시에서도 자주 쓰여요. 조금 복잡해지기는 하지만 원리는 똑같지요.

 이것으로 실천 편도 끝이네요. 그런데 궁금한 게 하나 있는데…….

식① $\frac{1}{2}\times\left(\frac{1}{10}-\frac{1}{20}\right)$
$=\frac{1}{40}$

▶▶ 아이들이 자주 하는 말

 이해는 했는데 입학시험에 나오면 풀 수 있을까…….

 막상 입학시험을 치르게 되면 평소에 공부 할 때와는 상황이 다릅니다. 초등학생뿐만 아니라 누구나 긴장하게 마련입니다. 입학시험에서는 실력의 80퍼센트 정도밖에 내지 못한다고 생각하고 목표를 높게 잡고 공부하는 것이 좋습니다. 평소에 공부할 때 긴장감을 유지하는 것도 효과적인 방법입니다.

네? 뭔데요?

 분명히 처음에 이론 편에서 '도쿄 대학에서는 시험 성적을 알려 준다.'고 했잖아요? 선생님은 시험 성적을 알아 봤나요?

 무, 무서워서 물어볼 용기가…….

 하하하.

【해답】 $\dfrac{1}{40}$

정리 평가 10 ▶ 계산 문제

'계산 문제'에도 여러 가지 테크닉이 있다는 사실을 실감하셨으리라 믿습니다. 계산을 빨리 할 수 있도록 오로지 평범한 '계산 문제'만 풀게 하면 아이가 금방 싫증을 내게 됩니다. 가끔씩은 이렇게 '생각이 필요한 계산 문제'를 내 주면 재미있지 않을까요? 상위권 중학교에서는 평범한 '계산 문제'를 거의 내지 않습니다. 생각해야 하는 문제만 내지요. '응용문제'에 반영될 때도 있으니까 빼먹지 말고 아이에게 가르쳐 주시기 바랍니다. 마지막까지 함께해 주셔서 감사합니다.

해설▶

'우리 아이를 도쿄 대학에 입학시키고 싶은' 부모에게 가장 확실하고도 가까운 접근 방법

모리가미 교육 연구소 소장 모리가미 노부히데(森上展安)

이 책을 쓴 다케우치 히로토 씨는 과학자로서 학문을 연구하는 동시에 수학 지도자가 되려고 결심했다고 한다. 도쿄 대학에 진학하기 전에 재수를 경험했으며 지방 출신이라는 점, 서투르지만 무슨 일이든 집중하는 자세 때문에 그는 도쿄 대학의 친구들 사이에서 '노력가'로 통한다. 도쿄에서 태어나 사립 중고 일관교를 거쳐 도쿄 대학에 들어온 동년배들이 보면 이러한 경력의 다케우치 씨는 '노력가'임이 분명하다. 도쿄 대학의 이과 학부생이라는 바쁜 몸으로 인터넷에 수학 지도 사이트를 운영하고 과외 교사로 활약하는 등 도쿠시마에 사는 부모님 곁을 떠나 열심히 아르바이트를 하는 고학생의 이미지도 풍긴다. 그러나 이렇게 아이들의 사정을 잘 아는 사람이 아이들 곁에서 함께 달려 준다면 이보다 고마운 일은 없다는 것이 이 책을 읽고 난 뒤의 솔직한 감상이다.

다케우치 씨는 이 책에서 "수학은 아버지가 가르쳐 주기를 바란다. 어머니는 '숨은 연출자'가 되어 주셨으면 한다."라는, 너무나도 '노력가'다운 조언을 했다. 실제로 이런 식이라면 가정도 원만해지고 아이도 쑥쑥 성장할 것이라고 생각한다. 반대가 된다면 어머니 혼자서 고군분투하기 십상이며, 아버지는 교육에 관여하기는커녕 방해만 되는 일도 많기 때문이다. 어머니가 아버지에게 도와주지 않아도 좋으니 제발 방해만 하지 말아 달라고 생각하는 가정이 의외로 많다. 아니, 어쩌면 절반 이상이 그럴 것이다.

다케우치 씨는 이와 함께 '아버지의 관리 능력'에 기대를 하는데, 실제로 이 역시 아이 교육의 커다란 성공 요인이다. 다만 일상생활의 관리에는 좀처럼 시간을 내기 힘든 아버지도 많을 것이다. 그럴 때 글쓴이 등은 '평균점 관리'를 추천한다. 즉 일정한 시간을 두고 평균값을 내 관찰한다. 그러다가 평균점을 한 단계 높여야 할 필요가 있을 때 그것을 판단, 분석하고 새로운 방법을 생각해 내는 것이 아버지가 할 일이라고 제언한다.

이 책에서 다루는 수학의 핵심 개념은 중학교 입학시험을 겪어 보지 않은(겪어 본 사람은 물론) 어른에게 지적 흥분을 가져다줄 뿐만 아니라 그 기쁨을 아이에게도 맛보게 해 주고 싶어 지게 한다. 중학교 입학시험의 참맛은 이런 부자간의 정보 전달에 있다. 이윽고 아이는 이 영역을 뛰어넘어 부모가 따라잡지 못할 지적 능력을 발휘하게 되고, 그렇게 되면 목적은 달성한 것이다. 처음 공부하는 아이에게 그 안내인이 부모라는 안도감은 매우 크게 작용한다. 또한, 이 같은 지적 교육의 산파 역할을 할 수 있는 시기는 그 내용과 상대방이 받아들이는 능력, 정신적 안정 따위를 고려할 때 아이가 사춘기를 맞이하기 전(대략 10세에서 12세까지)이 가장 적합하다는 것이 고금의 진실이다.

지금은 60대 중반인 내 누나는 다케우치 씨와 같이 아버지의 뜻에 따라 가톨릭계 여자 중학교의 입학시험을 치렀지만, 넷째였던 나는 별로 장래성이 보이지 않았는지 고등학교와 대학 입시 경험밖에 없다. 하지만 내 아이에게는 수험 연출자가 아닌 수험 감독이 되어 다케우치 씨와 같은 우수한 과외 선생과 지도자를 찾아 주기 위해 노력했다. 아버지와 매일 중학교 입학시험 공부를 한 것이 장래의 꿈을 발견하게 된 계기가 되었다는 다케우치 씨의 고백을 들으니 마음이 따뜻해진다. 그리고 우리 아이도 그렇게 생각할 만큼 도와줬는지 반성하게 된다. 어쨌든 이 책은 수학의 전술서이기는 하지만 '우리 아이를 도쿄 대학에 입학시키고 싶은' 부모가 가정에서 해야 할 일에 대해 가장 확실하고 가까운 접근 방법을 알려 주는 또 다른 가치도 있다고 생각한다.

이 책을 간행했을 때 가장 기뻤던 사람은 아마도 다케우치 씨의 부모님이었을 것이다. 중학교 입학시험이라는 어려운 시기에 몸과 마음을 바쳐 자식들과 시간을 보냈던 하루하루의 모습이 이 책의 구석구석에 살아 숨 쉬고 있다. 이 책을 읽은 부모들이 자신들이 해야 할 일이 무엇인지 다시 한번 생각해 볼 수 있는 계기가 되었으면 한다.

**책을 끝마치며 ▶ 중학교 입시 수학이
미래를 개척하는 계기가 되기를 바라며**

내가 수학에서 처음으로 '모르겠다'고 생각한 것은 초등학교 저학년 때 학교에서 배운 '곱셈의 계산'이라는 주제였다. 그날 집에 돌아가 당장이라도 울음이 터질 것 같은 얼굴로 부모님에게 풀이법을 배웠던 기억이 지금도 선명하다.

사소한 일화지만, 자신이 품은 의문을 주저 없이 물어보고 대답을 들을 수 있었던 환경 덕분에 힘든 중학교 입학시험 공부를 오랫동안 계속할 수 있었다고 생각한다. 사실 따지고 보면 입학시험을 위한 공부였는지도 모른다. 그러나 적어도 나는 중학교 입학시험을 통해 기른 학습 방식이 나를 도쿄 대학 합격으로 이끌었고, 또 과학자로서 우주의 수수께끼를 풀고 싶다는 꿈을 발견하게 만든 커다란 초석이 되었다고 확신한다.

이 책을 읽은 부모님의 지도로 수학을 공부하는 즐거움을 하나라도 더 발견하고 자기 자신의 공부 방식을 확립하기를 바란다. 그렇게 하면 자신이 원하는 중학교에 갈 수 있는 길이 눈앞에 나타날 것이다. 그리고 중학교에 진학한 뒤에도 그 경험을 '자신감'으로 유지하며 힘차게 미래를 개척해 나간다면 글쓴이로서는 그 이상 기쁜 일이 없을 것이다.

바쁘신 중에도 '해설'을 써 주신 모리가미 교육 연구소 모리가미 노부히데 소장님, 특징 없는 내 얼굴을 멋지게 그려 주신 호이초이 프로덕션의 여러 분, 아버지의 눈으로 귀중한 의견을 많이 내 주신 글로벌 교육 출판의 지바 씨, 열심히 해법을 검토해 준 가와하라 군을 비롯하여 도쿄 대학의 여러 분, 끝까지 집필을 함께 도와주신 다이아몬드 빅 사의 히로

세 씨에게 감사의 마음을 전한다. 그리고 새삼스럽게 말하기도 부끄럽지만, 이 책에 이따금 등장해 주신 부모님께도 감사드린다.

이 책을 읽어 주신 아버님들에게도 진심으로, 진심으로 감사의 마음을 전한다. 아버지와 아이의 분투가 열매를 맺기를 진정으로 기원한다.

수학 영재를 위한 아빠의 수학 과외
아빠가 가르쳐 주는 수학

초판 1쇄 인쇄 2007년 9월 7일
초판 1쇄 발행 2007년 9월 14일

지음 | 다케우치 히로토 竹内洋人
옮김 | 김정환
감수 | 신국환

펴낸이 | 이석범
펴낸곳 | 도서출판 맑은소리
주소 | 서울시 마포구 솔내1길 1층(서교동 395-36호)
전화 | (02)323-1488
팩시밀리 | (02)323-1489
홈페이지 | http://www.msoribook.com
E-mail | to2001@hanmail.net
출판등록 | 1994년 4월 6일 제3-528호

편집 | 김현진
마케팅 | 김동백 · 장신동
총무 | 황혜정
표지디자인 | 동이와 분이
본문디자인 | 글빛

ISBN 978-89-8050-188-5 73410

저자와의 협의에 의하여 인지 부착을 생략합니다.
이 책 내용의 일부 또는 전부를 재사용하려면 반드시 저작권자와
도서출판 맑은소리 양측의 서면에 의한 동의를 받아야 합니다.
책값은 표지에 있습니다.